Think Green!
Love Lohas!

尊重自然與人類的你最美！

人類與地球是共同生存的夥伴。
Sallim Lohas 不只追求個人的健康，同時也追求社會與自然的健康。
超越了吃好、過好的樂活精神，思索著人類與地球的關係，
盛滿了渺小卻偉大的實踐。
讓地球與人類都能夠生存下去的 Lohas Life!
改變小習慣，才能打造大變化。

| 注意事項 |

1 食物的基本就是味道，對身體有益的食物也應該要具備美味，才能讓人吃得愉快。
　Sallim Lohas 以呈現好食材自身風味的最簡單食譜來追求健康的美味。

2 所有的食物都必須以值得信任的食材來製作成健康的料理。
　Sallim Lohas 的所有食譜都不會添加任何對人體有害的配方，可以安心享用。

3 下廚是件享受的事，若是太過拘泥於食譜，會讓人覺得做菜很困難。
　如有不易準備的材料，可用其他類似的味道來取代，或者乾脆不添加也無妨。
　可以多放一點自己喜歡的食材，試著將 Sallim Lohas 的食譜當作指導方針，創造出專屬於自己的料理風格。
　不過，倘若是料理新手的話，最好還是先乖乖依照食譜來進行烹調。

4 本書的料理材料全都是以 2 人份為基準來進行製作。

저칼로리 고구마 밥상 50가지 : 온 가족이 가뿐하게

地瓜上菜

50道超人氣低卡無負擔食譜

金外順 著　林建豪 譯

與深愛大自然的人共同編成的書
各界讀者好評推薦！

郭南希 | 京畿道軍浦市軍浦 2 洞

有將地瓜當作主菜的料理，也有將地瓜當作副食材的料理，還可以作為單品料理或小菜等，樣式相當多樣化，真的很棒。推薦主婦們閱讀本書，尤其推薦給想一次購買大量番薯食用，或者打算節省開支的讀者參考。據稱地瓜有助於減肥，所以也特別推薦給希望藉由飲食控制來瘦身的讀者們。

權惠蓮 | 首爾松坡區風納 1 洞

原本地瓜只是單純被視為一種救荒作物，直到被運用在各式各樣的料理後，我們才知道它具備了卓越的味道與效能。曾經以為地瓜只能用烤的或是用蒸的方式烹飪，如今才知道原來它的味道能變得如此華麗，餐桌變得更加豐盛，也讓我們的健康更上一層樓。

南孝 | 全北全州市德津區銅山洞

這本書讓通常作為點心的地瓜有了各式各樣的轉變，從來沒想到地瓜能夠當作正餐菜餚來食用，真的幫了我很大的忙。我認為這本書不只是本專業的地瓜料理書，同時也扮演著資訊書的作用，書中有關地瓜與健康、地瓜與美容等地瓜的相關資訊都對我產生極大幫助。

崔蕙萱 | 首爾市蘆原區孔陵 2 洞

能夠知道對身體有益的地瓜可以用如此多樣化的方式來品嚐，真的是一件令人開心的事情。剛開始還煩惱該如何處理買回家的一箱地瓜，然而這本充分利用地瓜製作的料理食譜真的很棒，不過更驚人的是，它和一般的料理書最大的不同，就是會讓人開始思考，如何結合飲食與生活讓我們活得更健康。

李熙貞 | 京畿道龍仁市水枝區竹田洞

依照地瓜種類進行的說明相當有趣，例如保管方法、料理中其他材料的營養成分、或是料理方法的訣竅等全都相當實用，真的都是很棒的資訊。我個人覺得點心的部分看起來比單品料理更美味、也更具樂趣。有沒有能夠讓簡單的蒸地瓜或烤地瓜變得更加美味的方法呢？如果有的話就更好了。

※ 非常感謝 hansalim、坡州 dure 生協、麻浦 dure 生協共一百多名成員參加 Sallim Lohas 的原稿監測活動。

除了蒸、烤的方式，
難道就沒有其他享用地瓜的方法了嗎？

 提到地瓜，就讓我想到小時候吃過的生地瓜片與熟地瓜片。慶尚道所說的生地瓜片是指將生地瓜曬乾，而熟地瓜片也就是將地瓜煮過後曬乾，我記得我會將生地瓜片加入粥裡一起食用，而熟地瓜片則是喜歡直接食用，兼具嚼勁與甜味的口感可說是極品。地瓜片有著故鄉的味道，又像是母親的味道，每當一到盛產地瓜的季節，這個名稱就會伴隨著模糊的記憶浮現在腦海中。

曾經有段時期，只要手上有一個地瓜，可以抵過任何一種點心。住在鄉下的奶奶偶爾會帶著一大袋孫女喜愛的地瓜來訪，每當這種時候，都會讓人難掩愉快的心情。現在，孫女已經長大成為人母，想要讓孩子們品嚐當時自己吃過的美味地瓜點心。

 地瓜的味道甜美，而且會散發一股清爽的口感，是男女老少都喜歡的食材。因為地瓜具備高度的飽足感，適合當作減肥聖品，同時含有豐富的碳水化合物與鈣質，也十分適合作為成長期孩子的點心。早年，我們喜歡將地瓜蒸過或烤過後，搭配蘿蔔湯泡菜或其他泡菜一起享用，除此之外，還可以醃漬成泡菜、做成菜餡、單品料理、點心等，享受不同的品嚐方式。而隨著料理方法或添加的食材改變，味道與營養也會有所不同。

地瓜不僅美味，同時含有豐富的營養，可以讓腸胃變得更健康，讓血液的流動更順暢，進而使身體變溫暖，讓五臟更結實，它同時也具備提升免疫力的功效。此外，地瓜還擁有豐富的醣分、維他命 B 群、胡蘿蔔素、礦物質等，有助於改善虛弱體質，而豐富的維他命 E 更具備防止老化的效果。

大概因為我的職業是料理師的緣故，只要看到新的食材，就會想嘗試製作成各種料理。雖然地瓜是我們所熟悉的食物，不過我一直很好奇，除了用蒸煮、用烤的方式以外，是否有其他 方法可以享用地瓜呢？於是我開始嘗試各式各樣的方法。我試著製作小時候吃過的地瓜點心，而且也研究了適合全家一起享用的健康食品，而這本書就是我研發的地瓜料理之精華。

在製作地瓜料理的過程中，我一直著重的部分就是完整呈現地瓜的營養與特性，為了讓料理不只是美味而已，還要保持食品原有的營養，創造出對身體有益的菜色。近來，由於地瓜的顏色相當多樣化，只要稍加運用於菜色，即可輕鬆享受別具風味的料理。是否有讀者已經買了一箱地瓜，正在煩惱「如何能在發芽前全部處理完……」呢？要不要試著使用本書，享受由地瓜製成的菜餡、單品料理和特色點心呢？希望讀者都能透過小小的地瓜，賦予生活更多的能量與營養。

金外順

各式各樣的地瓜料理

一頓飽足的
地瓜料理

地瓜飯　　022

地瓜糯米飯糰　023

地瓜營養鍋飯　024

地瓜麵疙瘩　026

地瓜夏南瓜刀削麵　028

地瓜拌麵　030

地瓜乾粥　032

地瓜栗子粥　033

地瓜豆芽飯　035

地瓜豆漿麵　036

讓餐桌
變豐盛的
地瓜菜餚

炒地瓜　040

涼拌生地瓜　041

涼拌地瓜白菜　042

地瓜蒸雞　044

地瓜水芹煎餅　046

地瓜蝦湯　048

地瓜燉青花魚　050

醬汁地瓜鱈魚　052

乾地瓜炒鯷魚　054

燉地瓜　055

地瓜莖炒蝦　056

地瓜莖泡菜　058

地瓜莖醬菜　060

CONTENTS
目　次

Chapter 01

地瓜對身體好處多多

Chapter 02

一頓飽足的地瓜料理

Chapter 03

讓餐桌變豐盛的地瓜菜餚

CONTENTS
目　次

Chapter 05

孩子們最愛的地瓜飲料 & 點心

Chapter 1

Why potatoes are good for you

地瓜對身體好處多多

地瓜不僅可以烤來吃,也可以煮來吃,是相當親民的食材。
清爽的甜味,加上含有豐富的碳水化合物、鉀、鈣、礦物質、維他命,
無論男女老少都喜歡。
只要將烹飪方法或添加的食材賦予變化,
就可簡單變身為菜餚、單品料理、點心等各種華麗的料理。

愈吃愈健康

地瓜的飽足感高，有助於瘦身，含有豐富的碳水化合物與鈣，適合當作發育期孩子們的點心食用。能夠提升家人健康指數的地瓜，究竟具備何種營養與效能呢？

地瓜大部分是由碳水化合物組成，其中有 20％是澱粉，是占據最多的部分。此外，因為也含有許多葡萄醣和果醣，所以甜度高，以及豐富的鉀和鈣質。它同時也具備了豐富的膳食纖維，有助於解除便秘的困擾，加上飽足感高，對於想要瘦身的人來說，是具多面向助益的食品；另一方面，由於蛋白質含量只有 1.1％左右，最好搭配高蛋白質食品一起食用。此外，地瓜富含的維他命 C 被澱粉質所包覆，不易受熱破壞，可充分使用蒸或烤等烹飪方式製作成各種料理盡情享受。

抗癌作用

紫色地瓜當中，含有豐富的多酚類化合物花青素，具強力的抗氧化作用，有助於肝功能的運作。黃色種地瓜則富含抗氧化物質 β-胡蘿蔔素，β-胡蘿蔔素能抗癌，對於預防心血管疾病也有一定功效。

預防便祕

地瓜中豐富的膳食纖維有助於腸胃蠕動，可幫助腸道廢棄物迅速排出體外；切開地瓜時出現的白色液體是一種叫做藥喇叭脂酸的成分，具高度耐熱性，可讓腸內糞便變軟，可有效防止便祕。

改善虛弱體質與防止老化

漢方中記載地瓜能讓脾臟與胃更強壯，有助於讓血液流動變得更加順暢，是一種會讓身體變溫暖的食品，具有讓五臟變健康、提升免疫力的功效。地瓜同時含有豐富的醣、維他命 B 群、胡蘿蔔素、礦物質，有助於改善虛弱體質。豐富的維他命 E 和 β-胡蘿蔔素則有防止老化的功能。

富含鉀、鈣的鹼性食品

地瓜中豐富的鉀有助於降低鈉的攝取，進而降低血壓，同時幫助體內的血液循環。此外，地瓜中也富含豐富的鈣質，有助於人體骨頭、骨骼與牙齒形成、以及代謝的調整，對於發育期的孩子來說，可有效預防骨質疏鬆。

從什麼時候開始吃地瓜的呢？

據說地瓜的原產地是中美洲，紀元前 3000 年就已進行栽培，紀元前 2000 年左右傳到南美洲。直到哥倫布發現新大陸，地瓜開始傳入西班牙，後來就傳遍歐洲。之後，透過菲律賓與中國福建省傳到亞洲各個國家，現在亞洲、南美洲、非洲栽培的量比歐洲更多。

地瓜經過歐洲、東南亞、中國而傳入日本是在 1615 年。根據《朝鮮王朝實錄》，1663 年，當時停泊在沖繩地區琉球的人們曾經吃到外皮紅色、內部白色，味道如同山藥一般的食物。

地瓜正式從日本輸入到韓國是在 1760 年左右，參奉李匡呂看過中國的《農政全書》後，便認為地瓜是一般平民的作物，於是在四處打聽取得的方式過程中，委託赴日擔任通信使的趙曮，後來趙曮在對馬島取得地瓜種子帶回釜山鎮，這就是地瓜首次進入韓國的由來。當時地瓜稱為甘藷，由於是趙曮帶回來的，所以也稱為趙藷。

然而地瓜是必須在炎熱地方栽培的作物，在經過多次失敗後，東萊知事姜必呂終於在東萊首次栽培成功。農學家金長淳遇見了在全羅道寶城栽培地瓜的宣宗漢後，便在首爾成功栽培出地瓜。看到救荒作物對於百姓有莫大的幫助，朝鮮後期的實學家朴齊家便上書王室，要求進行栽培地瓜。日治時代，地瓜也成為全國栽培的作物，經日本近代品種改良後遍及各個農家。

地瓜農夫也很難見到的地瓜花

地瓜的莖會沿著土地向旁邊延伸，根會往莖下方生長，而根在地下長成團狀後就是地瓜。摘下末端有葉子的葉柄後，可以當作野菜來食用的就是地瓜葉。雖然它會開出如同喇叭花形狀的花，但由於是熱帶植物，韓國只有在非常炎熱的時候才看得見。進行栽培時，不會用種子來種植，而是切下莖來繁殖，或者切下地瓜種植，讓其發芽。

與地瓜長得很像卻不一樣的馬鈴薯

馬鈴薯不同於旋花科植物地瓜，而是屬於茄子科的植物，地瓜是根，馬鈴薯則是莖的一部分。溫帶植物馬鈴薯在韓國可以輕易看到花開的景色，若是開白色的花，就是白色的馬鈴薯，如果是紫色的花，就是紫色的馬鈴薯。

2

依種類不同而變化的
地瓜營養指數

隨著地瓜種類的差異，顏色、質感、味道都會不一樣，料理方法與保存時間也會有所不同。
由於地瓜品種十分多樣，挑選起來也相當有趣，就讓我們來認識挑選地瓜的方法吧。

黃金地瓜

水分多，外皮呈現淺褐色，內部黃色是其特徵，近來也有泛著淺紅色、形狀較長的品種。雖和栗子地瓜是相同品種，不過生長在泥土中有 70％以上是水分的地方，經長時間儲藏後澱粉轉變為醣分時，就會變成此一種類的地瓜。蒸過之後再乾燥處理會變得 Q 彈有嚼勁，適合做成小菜或點心。地瓜內部柔軟，生吃也不錯，是冬天最常烤來吃的地瓜；煮熟後比栗子地瓜更甜，加入果汁、醬料、披薩均十分美味。

南瓜地瓜

外皮呈淺紅色，內部則接近橘色，為地瓜與南瓜混合後產生的新品種，特徵是比其他種類的地瓜更小、更長，內部很軟，適合直接食用，烤或蒸過後會變成黃色。南瓜地瓜含有豐富的維他命 A、C、E，煮熟之後養分也幾乎不會被破壞，甜味也比其他種類地瓜更卓越。適合當作沙拉、泡菜和生菜來食用，也可以運用在麵、麵疙瘩、麵包、餅乾等各式各樣的料理。由於此一種類地瓜的糖分較多，較難保存，應盡量在短時間內食用完畢。

栗子地瓜

外皮呈淺紅或淺紫色，內部黃色是其特徵，形狀偏圓，生長在乾燥的土地，用蒸或烤的時候沒有什麼水分，是粉末較多的地瓜。此種地瓜的外皮含有豐富的維他命 A 和 E，連皮一起食用較佳，可有助於預防成人病，但由於生吃太硬，最好煮熟後再食用。也因水分少，所以儲存期間也比其他種類的地瓜更長。

紫心地瓜

外皮淺紅色，內部則是紫色，外國生產的紫色地瓜當中，有外皮淺褐色，而內部則是接近赤紫色的品種。含有 3.8％的花青素，抗氧化效果極佳，對於改善動脈硬化與肝病都有助益。如直接吃甜味稍嫌不足，比較常被製作成果汁、小米酒、粉末等加工品，在韓國還沒有進行大量栽培，所以價格偏高，紫心地瓜的粉末也能作為天然色素使用，可運用於年糕、麵條、麵包、餅乾、冰淇淋等多種料理。

挑選與妥善保存地瓜的方法

挑選時—要選外觀沒有傷痕、具有潤澤、顏色深、觸摸起來很堅硬的地瓜；最好是兩邊不會太乾扁，而且重量重的地瓜，形狀上則不要挑太細長的，要挑偏圓形的；切開來的時候，如果內部水分充足，還流出大量白色液體的就是剛採收沒多久的地瓜；此外要挑選試吃後感覺較甜的地瓜。

保存時—應該要放置於不會被陽光直射、通風且濕氣低的地方，地瓜的收成期間一般在 8~10 月左右，雖然比較常在冬天的時候食用，但最近幾乎四季皆可購買得到。購買當季的地瓜儲藏時，儲存溫度最好維持在 15 度左右。冬天時，比起放在冰箱，置於常溫下保存會更好。地瓜須放在有通氣孔的箱子、桶子、盤子中，也須避免地瓜相互碰撞，並蓋上黑色的布或報紙進行保存。

地瓜如放置太久，表面會產生黑色斑點和變硬，味道會變苦，而且產生毒性，所以千萬不要食用。如地瓜的量太多，可先煮或蒸過後放冷凍保存，或是剝皮曬乾保存也不錯。此外也可將曬乾的地瓜製作成粉末保存，還可將粉末運用在年糕或粥等各種料理當中。

3

地瓜，讓營養更上一層樓

利用彼此契合的食材來維持營養的均衡，同時讓味道變得更加豐富。
讓我們來看看能用哪些食材準備出一桌豐盛可口的地瓜大餐吧！

容易消化的高蛋白質食品

適合和地瓜一起搭配來食用的包括，豬肉、豆類、雞蛋、起司等容易消化的高蛋白食品，調味時不能太辣或太刺激，這樣才不會對胃造成負擔，消化才會順暢。

相反地，地瓜和牛肉並不適合，牛肉的蛋白質結構堅固，容易產生大量的胃酸，停留在胃裡的時間也比較長；而地瓜會造成的胃酸少，停留在胃的時間也很短。若是這兩種食物一起吃的話，需要的胃酸濃度不一樣，消化也會不順利，反倒讓食物停留在胃的時間變得更長，腸道吸收也會變得緩慢。

用油炒過，營養滿分

地瓜含有豐富的胡蘿蔔素，利用油烹飪的話，營養的吸收會變更好。其中，最好使用含有大量不飽和脂肪酸的紫蘇籽油、油菜籽油。利用紫蘇籽油料理的話，會散發甜味，和地瓜相當搭配。炒地瓜的時候，以葡萄籽油來炒，最後可以加入紫蘇籽油增添香味，或者加入芝麻粉也不錯。炸東西或做煎餅時也要使用葡萄籽油。

美味的泡菜

食用容易讓人感到口渴的地瓜時，若是加入含有碳酸的泡菜，不僅可以調味，也會變得更加順口，對消化也有幫助。辣泡菜也是不錯的選擇，冬天時利用蘿蔔製作的蘿蔔湯泡菜和湯汁也相當適合搭配地瓜一起食用。

果膠豐富的蘋果

地瓜的膳食纖維不會分解為消化酵素，要進入大腸後，才會因為活躍的腸蠕動而發酵形成氣體。另外，地瓜的成分醯胺〈amide〉在腸內會引起異常發酵，導致一直放屁。吃地瓜時，若是想要降低脹氣的情況，最好和含有豐富果膠的蘋果一起食用，蘋果的果膠會在腸壁形成保護膜，同時防止腸道異常發酵的情況發生。

萬能小幫手——牛奶與豆奶

牛奶和豆奶中含有地瓜所缺乏的豐富蛋白質與脂肪，而地瓜則含有豐富的碳水化合物和維他命，搭配一起食用不僅可讓消化更加順暢，也不容易感到口渴，能夠盡情地享用。一起烹調的話，會創造出更為豐富的味道，還能夠調整濃度，並運用在各種地瓜料理當中。

Chapter 2

Potatoes can be part of a healthy diet
一頓飽足的地瓜料理

地瓜的飽足感相當高，對於想減輕體重或維持身材的人來說是相當好的食品，
如取代白飯作為主食，對健康也非常有幫助，
不僅可以享受多樣化的口味，還能促進食欲。
讓我們試著將地瓜製作成飯、麵、或是粥，
利用千變萬化的地瓜料理來準備一頓豐盛飽足的餐點吧！

地瓜飯

地瓜最好能連皮一起吃，地瓜皮能夠防止口渴，
含有豐富的維他命 A、C、D、E 和礦物質，由於富含花青素，所以也具有抗氧化的效果。

材　料

地瓜……………………1 個
泡脹的米………………1 又 1/2 杯
水………………………1 又 3/4 杯

作　法

① 將地瓜洗乾淨，清理雜毛後，切成 1 公分大小的方塊。

② 將泡脹的米、地瓜、水加入鍋子，以大火煮沸後，轉為小火加熱到幾乎沒有水為止。

③ 幾乎沒有水之後，若是聽到飯粒附著在鍋子的聲音，用大火加熱約 20 秒，接著關火放置悶 10 分鐘左右。

Point

先清除澱粉粒才乾淨爽口

切地瓜時，刀子會沾到白色澱粉粒子，切地瓜時要留意避免刀子沾黏到澱粉，可先將地瓜沖洗一番，清除澱粉後再進行料理，如此一來，食物才會乾淨爽口。放進電鍋或鍋子時，要以泡脹的米為基準來加入水，如果是使用壓力鍋的話，就要以沒有泡脹的米來調整水量。

地瓜糯米飯糰

這是利用搗碎炒過的地瓜來呈現美味的糯米飯糰，糯米飯對於身體較冷或經常腹瀉的人相當有幫助。糯米可以調整營養的不均衡，讓骨頭變得更結實。維他命 B 群——維他命 B3〈菸鹼酸，Niacin〉、維生素 B1（thiamin，硫胺）比一般的米多了兩、三倍。

材料

地瓜…………………………1/2 個
泡脹的糯米…………………2 杯
海苔……………………………1 張
鹽巴……………………………些許
芝麻油………………………1/2 小匙
葡萄籽油……………………1 大匙
水………………………………1/2 杯

作法

① 將地瓜清洗乾淨後，切碎再次用水沖一下。

② 將切碎的地瓜、水、2 小湯匙的葡萄籽油倒入平底鍋中，炒到幾乎沒有水為止，然後加入 1/3 小匙的鹽巴。

③ 利用棉布覆蓋住冒煙的蒸鍋，加入泡脹的糯米蒸 30 分鐘後，均勻灑上 1 杯水，然後再蒸 30 分鐘。

④ 將蒸過的糯米與炒過的地瓜混在一起後，倒入鹽巴、芝麻油和剩餘的葡萄籽油，均勻混合後，用手搓揉成三角飯糰。

⑤ 將海苔切成寬 1 公分左右的長條狀，接著纏繞住飯糰。

Point
混合芝麻油和葡萄籽油風味更佳

只加入芝麻油的話，顏色會變深，而且會有苦味，不過，若是加入葡萄籽油，可以讓芝麻油的香味更上一層樓。

地瓜營養鍋飯

這是放入各種材料，讓營養均衡搭配的營養鍋飯。

利用石鍋煮飯，不僅美味，也可完整保存食材的營養成分。

加入含有豐富胡蘿蔔素的紅蘿蔔、富含蛋白質的黑豆與豌豆，成為色、香、味、營養俱全的元氣料理。

材料

地瓜‥‥‥‥‥‥‥‥‥1 個

紅蘿蔔‥‥‥‥‥‥‥‥1/6 個

黑豆‥‥‥‥‥‥‥‥‥1 大匙

豌豆‥‥‥‥‥‥‥‥‥2 大匙

泡脹的米‥‥‥‥‥‥‥1 又 1/2 杯

水‥‥‥‥‥‥‥‥‥‥1 又 2/3 杯

醬料

醬油‥‥‥‥‥‥‥‥‥3 大匙

切碎的大蒜‥‥‥‥‥‥1 小匙

切碎的蔥‥‥‥‥‥‥‥1/2 大匙

辣椒粉‥‥‥‥‥‥‥‥1/2 大匙

炒過的芝麻‥‥‥‥‥‥1/2 大匙

芝麻油‥‥‥‥‥‥‥‥1 小匙

作法

① 將地瓜清洗乾淨，切成 2 cm 大小的方塊，紅蘿蔔則隨意切成 1 cm 左右的小塊。

② 黑豆在浸泡 4 小時後，煮到 2/3 左右的熟度，豌豆也在煮過後，過一次冷水。

③ 將泡脹的米倒入石鍋中，加入地瓜、黑豆、紅蘿蔔後，接著把水倒進去，以中火將水煮到剩下 2/3 左右，然後將火調小一點。

④ 在飯中加入豌豆，接著蓋上蓋子，煮到蓋子的手把變燙，而且幾乎沒有冒煙的時候，就用大火加熱 20 秒左右然後關火。

⑤ 悶熱 10 分鐘後，以準備好的材料製作醬料搭配食用。

Point
能夠長久使用石鍋的訣竅

第一次使用石鍋前要先用鹽水煮過，藉此增強石頭的強度。每次料理前記得上點油，就可以長久使用，而且不容易破裂。若將熱騰騰的石鍋馬上浸入冷水中容易產生裂痕，因此盡可能不要在鍋子溫度還很高的時候就放進冷水裡。

地瓜麵疙瘩

鯷魚的香味與地瓜相遇，誕生了口感舒暢且清爽的湯汁。
鯷魚含有豐富的蛋白質與鈣質，而且具備天然的 DHA 與 EPA，是一種對於成長期孩子們智能發展有益的食品。同時也建議此食譜給腎臟不好或中氣不足的人。

材　料

地瓜	1/2 個
紅蘿蔔	1/5 個
洋蔥	1/4 個
青蔥	1/4 根
鯷魚	5 隻
切碎的大蒜	1/2 大匙
醬油	1/2 小匙
鹽巴	些許
水	4 杯

麵疙瘩麵團

麵粉	1 又 1/2 杯
鹽巴	1/3 小匙
水	1/2 杯

作　法

① 混合準備好的麵疙瘩材料，搓揉成麵糰後，用塑膠袋包起來，放在冰箱冷藏 30 分鐘。

② 將地瓜和紅蘿蔔清洗乾淨，切成半月形，洋蔥切細，然後斜切青蔥。

③ 清除鯷魚的頭部與內臟，接著放進乾的平底鍋中炒；炒好後放置冷卻，將鯷魚和水倒入平底鍋中，煮到冒泡泡後，關火撈起來。

④ 鯷魚撈起來後，將地瓜放入湯汁中煮，接著將麵團撕成薄片狀，再次煮的時候加入紅蘿蔔。

⑤ 加入大蒜、醬油和鹽巴來調味，最後加入青蔥和洋蔥。

Point
嚼勁十足麵疙瘩的秘密

將麵團放進冰箱熟成，這樣煮過的麵疙瘩不但不會變爛，而且還能在吃完之前維持嚼勁。這是因為麵團的冷氣與熱湯之間的溫差導致了麵粉蛋白質收縮的結果。

Potatoes can be part of a healthy diet

地瓜夏南瓜刀削麵

夏南瓜當中含有豐富的維他命 C 和 E，熱量與醣分的含量比其他蔬菜更高，而且夏南瓜中的鋅能夠提升抵抗力，由於含有豐富的錳，具備促進成長、骨骼發達、提升生殖功能的效果。

材　料

夏南瓜……………………1/4 根
青蔥………………………1/4 根
紅色辣椒…………………1 根
切碎的大蒜………………1 小匙
蝦粉………………………1 小匙
鹽巴………………………些許
芝麻鹽……………………1 大匙
芝麻油……………………1/2 大匙
水…………………………4 杯

地瓜刀削麵麵團

地瓜………………………1/2 個
麵粉………………………1 又 1/2 杯
水…………………………1/2 杯
鹽巴………………………1/3 小匙

作　法

① 將準備好的地瓜、水、鹽巴加入攪拌機中攪拌後，和麵粉一起攪拌搓揉，接著放進冰箱 30 分鐘讓其熟成。

② 將夏南瓜切細，青蔥和辣椒則斜切。

③ 取出地瓜刀削麵的麵團，利用桿麵棍桿成薄片狀，接著切成寬 0.3 cm 左右的大小。

④ 將水倒進平底鍋，加入蝦粉煮滾後，將切好的刀削麵倒進去煮，接著放入夏南瓜，用鹽巴來調味。

⑤ 加入青蔥、辣椒、大蒜，再煮滾一次後，將其裝入碗中，最後灑上芝麻鹽與芝麻油。

Point
利用地瓜製作麵團時

地瓜若是直接切好就加入麵團中的話，很可能會變成褐色，所以須先加入鹽巴或醋後再切。

也可先將地瓜煮熟後再加入麵中搓揉，不過地瓜冷卻再加入麵團的話，麵團的嚼勁就會降低，最好在地瓜熱的時候直接混入麵團當中。

地瓜拌麵

拌麵，是一種為了彌補麵條與小黃瓜的涼性，而利用可散發熱的辣椒醬來調味的料理。
而蘋果、小黃瓜、地瓜的味道可讓辣椒醬的辣味變得柔和，藉此襯托出麵條的美味。

材　料

麵條⋯⋯⋯⋯⋯⋯⋯⋯⋯ 140 g
小黃瓜⋯⋯⋯⋯⋯⋯⋯⋯ 1/4 根
蘋果⋯⋯⋯⋯⋯⋯⋯⋯⋯ 1/4 顆

地瓜拌醬

地瓜⋯⋯⋯⋯⋯⋯⋯⋯⋯ 1/4 個
辣椒醬⋯⋯⋯⋯⋯⋯⋯⋯ 3 大匙
醋⋯⋯⋯⋯⋯⋯⋯⋯⋯⋯ 5 大匙
糖漿⋯⋯⋯⋯⋯⋯⋯⋯⋯ 2 大匙
砂糖⋯⋯⋯⋯⋯⋯⋯⋯⋯ 1 小匙
醬油⋯⋯⋯⋯⋯⋯⋯⋯⋯ 1/2 小匙
浸泡海帶的水⋯⋯⋯⋯⋯ 2/3 杯
鹽巴⋯⋯⋯⋯⋯⋯⋯⋯⋯ 些許

作　法

① 地瓜煮過放置冷卻，接著將辣椒醬、醋、糖漿、醬油、砂糖、浸泡海帶的水倒入攪拌機中均勻攪拌，依照喜好加入鹽巴調味。

② 將小黃瓜切細，蘋果同樣也將皮削掉後切細。

③ 將麵條放入煮沸的水中加入些許的鹽巴來煮，水再滾的話，倒入 1/2 杯的冷水，如此重覆倒兩次冷水。

④ 將麵條瀝乾，用拌醬均勻攪拌後裝入碗中，最後把小黃瓜和蘋果擺上去。

Point
有嚼勁與彈性的麵條秘訣

由於麵條含有大量的澱粉，為了讓煮過的麵條不會太滑，須清洗乾淨，才能有 Q 彈清爽的口感。

若想讓麵條具嚼勁與彈性，最後要用冷水或冰水稍作沖洗。

地瓜乾粥

在陽光充足處曬乾的地瓜中所含的維他命 E 比生地瓜更多，地瓜粥內加入豆子與糯米，可進而提升蛋白質含量同時調整濃度。

材　料

地瓜乾·····················100 g
豆類·······················1/4 杯
糯米粉·····················2 大匙
水·························6 杯
砂糖·······················1 大匙
鹽巴·······················些許

作　法

① 將曬乾的地瓜切成 2 cm 左右大小，接著放進熱水中煮。

② 豆子洗乾淨後，於水再次煮沸時加入，用小火煮，要煮到豆子散開。

③ 加入砂糖與鹽巴，把糯米粉 2 大匙加入水 4 大匙當中，以調整地瓜粥的濃度。

Point

曬地瓜

要讓黃金地瓜曬乾需要很長的時間，不過由於具嚼勁，適合拿來燉煮或用炒的。栗子地瓜則很快就會變乾，曬乾後也較容易保存，所以相當適合用來煮粥。

曬地瓜的時候，要放置於沒有水氣、陽光充足且通風的地方曬乾。

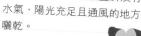

地瓜栗子粥

栗子和地瓜的產季與口味相似，十分適合搭配在一起，栗子所富含的碳水化合物、蛋白質、脂肪、鈣質、維他命相當均衡，對於發育與成長都有幫助。
此外還可讓皮膚變得更透亮柔軟，具有高度的美容功效。

材 料

地瓜‥‥‥‥‥‥‥‥‥ 1 個
栗子‥‥‥‥‥‥‥‥‥ 5 個
泡脹的米‥‥‥‥‥‥‥ 2/3 杯
水‥‥‥‥‥‥‥‥‥‥ 6 杯
鹽巴‥‥‥‥‥‥‥‥‥ 些許

作 法

① 將地瓜切成 1 cm 左右的塊狀，然後浸泡在水中，去除栗子的外皮，並切成和地瓜一樣的大小。

② 將準備好的米和水倒進鍋中，煮至 2/3 熟左右之後加入地瓜和栗子。

③ 地瓜完全熟之後，關火放進碗中，食用前用鹽巴調味。

Point

**米粒先煮熟，
然後才輪到地瓜**

由於地瓜比米更快熟，若是先放地瓜，當米粒煮熟的時候，地瓜大概已經全都煮爛了。所以要記得，當米粒煮到 2/3 熟左右的時候再放入地瓜，如此一來才能讓地瓜保持完整的形狀。

地瓜豆芽飯

加入地瓜後，就變成散發甜味與柔和香氣的豆芽飯。
在豆芽菜發芽的過程中，維他命 C 會急速增加，從很久以前開始，就是感冒發燒時經常食用的食物之一。
豆芽菜根部含有豐富的天門氨酸，也很適合於喝酒後的隔天用來解酒。

材　料

地瓜	1/2 個
豆芽菜	100 g
泡脹的米	1 又 1/2 杯
水	1 又 1/2 杯

醬料

醬油	4 大匙
細蔥	3 根
紅色辣椒	1 根
洋蔥	1/4 個
炒過的芝麻	1/2 大匙
紫蘇籽油	1 小匙
胡椒	1/3 小匙

作　法

① 將地瓜清洗乾淨，切成厚片狀，放進水中浸泡，藉此消除澱粉。

② 豆芽菜洗乾淨後，放進水中浸泡 5 分鐘，清理多餘的根部。

③ 將豆芽菜鋪在鍋子底部，接著加入米，然後放地瓜，最後倒入水，用大火煮滾。

④ 飯煮滾的話，將火調小，煮到水幾乎沒有為止，再用大火加熱 20 秒。

⑤ 關火之後，蓋上蓋子，然後悶熱 10 分鐘。

⑥ 切碎細蔥，接著將辣椒與洋蔥切碎，和醬料材料均勻混合後可搭配豆芽飯一起食用。

Point
如何洗出乾淨的豆芽菜

豆芽菜長度大約在 7~8 cm 左右最方便食用，將市售的豆芽菜洗乾淨後，浸泡在水中 5 分鐘再開始料理，如此一來可洗淨大部分農藥成分。

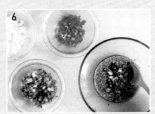

地瓜豆漿麵

地瓜和豆子一起磨碎後，便能夠形成一道味道爽口且絕配的高級豆漿麵食譜。豆子含有豐富的雌激素，對於停經期的女性很好，也能幫助預防心臟病、骨骼疏鬆症、以及各種成人病。

Point

如何製作香噴噴的豆漿

製作豆漿麵時使用的豆子主要是黃豆，須在常溫下泡置兩小時以上，或者在冷藏庫泡脹一晚後再煮。若是煮太久的話，會散發豆醬的味道，所以只要倒入黃豆量兩倍的水煮，試吃後若是有香味的話，就要立刻關火了，之後一邊倒入冷水，一邊放到攪拌機內攪拌。

材　料

麵條······················150 g
地瓜·······················1/2 個
泡脹的豆子···········1/2 杯
番茄······················1/4 顆
小黃瓜···················1/4 根
鹽巴·······················些許
水··························5 杯

作　法

① 將地瓜切碎，加入 2 杯水烹煮，當地瓜煮到半熟後，再加入泡脹的豆子繼續煮，等到豆子熟後就關火。

② 將熟的地瓜、豆子和 2 杯水倒在一起均勻攪拌，接著把剩下的水也倒進去混合，然後冷藏保管。

③ 將番茄切成半月形薄片，小黃瓜切細。

④ 在鍋內倒入足夠的水，煮沸後，加入鹽巴與麵條煮滾，每次滾的時候就加入 1/2 杯冷水冷卻，一共重覆三次，最後取出麵條過一次冷水。

⑤ 將麵條與地瓜豆漿湯裝入碗中，然後放上番茄與小黃瓜。

Chapter 3

Healthy potato side dishes on your dining table

讓餐桌變豐盛的地瓜菜餚

一般來說，地瓜都是使用蒸或煮的單純方法來料理，
因此很容易讓人只將地瓜視為點心。
不過，若能將地瓜運用為菜餚，就可以讓餐桌變得更加豐盛。
例如炒地瓜或涼拌作為搭配主食的小菜都是不錯的方法，
也可讓地瓜搖身成為湯或燉煮料理等美味菜餚。

炒地瓜

這是充滿香味，口感清爽，還能賦予飽足感的炒地瓜料理。

南瓜地瓜含有的維他命 A 前驅物胡蘿蔔素比其他地瓜更豐富，脂溶性維他命──胡蘿蔔素用油炒或炸過，更容易在人體內被吸收。

材　料

南瓜地瓜……………………1 個
青辣椒…………………………1 根
紅辣椒…………………………1 根
油〈煎炒用〉…………………1 大匙
胡椒……………………………1/3 小匙
鹽巴……………………………1 又 1/2 小匙
芝麻鹽…………………………1/2 大匙
芝麻油…………………………1 小匙
水………………………………4 大匙

作　法

① 南瓜地瓜切細，用冷水清洗，接著加入 1 小匙鹽巴稍微醃漬一下，然後瀝乾。

② 將辣椒切半，去籽後切細。

③ 將油倒進平底鍋，加入地瓜翻炒，接著倒入水，就像用煮的一樣再稍微炒煮過。

④ 炒過的地瓜加上 1/2 小匙的鹽巴與胡椒來調味，接著到入辣椒，再炒過一次後關火，加入芝麻鹽與芝麻油。

Point

清爽與酥脆的秘訣

地瓜先用鹽巴醃漬後再炒過，可防止炒熟時發生碎裂的情況，由於是可以生吃的地瓜，所以不需要炒太久。

涼拌生地瓜

洋蔥可預防血管內堆積膽固醇，同時會將身體的毒素排出體外，不要丟棄去除的洋蔥皮，並將其一起料理，會產生一種生物類黃酮（Flavonoid）的成分能夠強化血管。

材　料

地瓜………………… 1/2 個
洋蔥………………… 1/4 顆
細蔥………………… 3 根
醋…………………… 1 小匙

涼拌醬料

切碎的大蒜………… 1 小匙
辣椒粉……………… 1/2 大匙
醋…………………… 2 大匙
芝麻鹽……………… 1 小匙
鹽巴………………… 些許

作　法

① 將地瓜清洗乾淨，然後切細，接著浸泡在倒有 1 小匙醋的冷水當中。

② 先將洋蔥切細，浸泡在水中後撈起，並將細蔥切成 3 cm 左右的長度。

③ 將大蒜、辣椒粉、醋、芝麻鹽、鹽巴倒進容器中，製作成醬料。

④ 將地瓜、洋蔥、細蔥倒入醬料中，搓揉攪拌後放進碗中。

Point
小心不要變成褐色

將地瓜切開暴露在空氣當中很快就會變色，所以在製作涼拌生地瓜時，切細後要立刻浸泡在加有醋、鹽巴、砂糖、或檸檬汁等的水中，避免直接暴露在空氣當中。

涼拌地瓜白菜

涼拌地瓜白菜有著白菜和地瓜混在一起咀嚼的美味口感，並散發出更加自然的甜味。
秋天的白菜莖與葉子都很酥脆，味道又甜，製作涼拌或醃漬泡菜時，不會太快熟軟。

材　料

地瓜⋯⋯⋯⋯⋯⋯⋯⋯⋯1/4 個

白菜內側⋯⋯⋯⋯⋯⋯⋯6 片

韭菜⋯⋯⋯⋯⋯⋯⋯⋯⋯10 g

辣椒粉⋯⋯⋯⋯⋯⋯⋯⋯1/2 大匙

魚露⋯⋯⋯⋯⋯⋯⋯⋯⋯1 大匙

切碎的大蒜⋯⋯⋯⋯⋯1/2 大匙

切碎的生薑⋯⋯⋯⋯⋯1/2 小匙

鹽巴⋯⋯⋯⋯⋯⋯⋯⋯⋯1/2 大匙

砂糖⋯⋯⋯⋯⋯⋯⋯⋯⋯1 小匙

作　法

① 將地瓜和白菜切成一口大小的薄片，然後加入 1/2 大匙的鹽巴，
　醃漬 30 分鐘。

② 韭菜切成 4 cm 的長度，將大蒜、生薑、魚露、砂糖加入容器
　中均勻攪拌。

③ 用水清洗醃漬過的地瓜和白菜，然後瀝乾。

④ 加入②的醬料攪拌，接著加入韭菜和辣椒粉再次進行攪拌。

Point

如何將醬料均勻混合

事先製作好涼拌時要使用的
醬料，放置 30 分鐘後再使用
的話，醬料會更入味。
辣椒粉若是也能事先灑進水
中，顏色會變得更漂亮，也容
易和材料融合在一起，同時辣
椒粉的味道會更好。

地瓜蒸雞

以地瓜取代馬鈴薯，料理後會散發一股自然的甜味。
雞肉中有豐富的優質蛋白質，能促進腦部活動，外皮富含大量的膠原蛋白，對皮膚美容極有幫助。

材　料

雞肉	1/2 隻
地瓜	1/2 個
紅蘿蔔	1/5 根
洋蔥	1/4 顆
大蒜	3 顆
青辣椒	1 個

醬料

醬油	4 大匙
胡椒	1/3 小匙
砂糖	1 大匙
蜂蜜	1 大匙
梅子汁	1/2 大匙
芝麻鹽	1/2 大匙
芝麻油	1 小匙
水	3 杯

作　法

① 雞肉切塊後，浸泡在水中 30 分鐘，在去除血水後，用熱水汆燙。

② 將地瓜切塊，紅蘿蔔也切成相同大小，然後將角削掉。

③ 洋蔥切粗一點，辣椒則切成寬 1 cm 的大小。

④ 利用準備好的材料製作醬料，然後將①的雞肉與一半的醬料倒進鍋裡煮。

⑤ 雞肉煮熟後，加入地瓜、紅蘿蔔、大蒜與剩餘的醬料，然後將湯汁煮到黏稠狀。

⑥ 將湯汁煮到剩下 3 大匙左右後關火，最後倒入準備好的青辣椒與洋蔥。

Point
雞肉與蔬菜的醬料分開加入

如果一次將醬料全部加入的話，醬料會全部融入雞肉當中，讓雞肉變得太鹹，地瓜或紅蘿蔔也不容易入味。
為了讓材料的味道均勻，醬料須分兩、三次加入。

Healthy potato side dishes on your dining table

地瓜水芹煎餅

水芹菜的酥脆與清香，融合地瓜的清爽，口感十分舒暢。
水芹菜是蘊含豐富蛋白質、維他命 A、維他命 B1、B2、維他命 C、鐵、鈣等礦物質的鹼性食品，具抗癌與解毒的功效。

材　料

地瓜	1 個
水芹菜	1/4 把
麵粉	1 杯
紅辣椒	1 個
葡萄籽油	1 大匙
鹽巴	1/2 小匙
水	1/3 杯
醋	1 大匙

作　法

① 將地瓜清洗乾淨，切細後浸泡在冷水中，去除澱粉。

② 將水芹菜洗乾淨，切成 5 cm 的長度後，浸泡在加入 1 大匙醋的水中 5 分鐘，辣椒則要斜切。

③ 將麵粉與水 1/3 杯倒入容器中，接著加入地瓜、水芹菜和鹽巴 1/2 小匙均勻混合。

④ 在弄熱的平底鍋中倒入 1 大匙的油，將③的部分麵團放進平底鍋中，接著加入紅辣椒，將雙面煎成金黃色。

Point

煎餅要酥脆與乾淨

煎餅時，最重要的是要讓平底鍋充分預熱，平底鍋若是沒有預熱，材料會沾到大量的油，也無法煎到酥脆，而且會很油膩。

地瓜蝦湯

蝦子中含有豐富的牛磺酸，有助於肝臟的解毒，同時讓中氣旺盛，也可增強腎臟的功能。
這道料理蛋白質豐富，脂肪少，也很適合作為瘦身食品。
蝦殼不要丟棄，一起食用或和蝦頭一起煮湯的話，可讓湯頭風味更佳。

材　料

地瓜	1/2 個
蝦子	8 隻
綠花椰菜	1/4 顆
大蒜	2 瓣
生薑	1/2 片
乾辣椒	1 根
醬油	1/2 大匙
鹽巴	些許
胡椒	1/3 小匙
勾芡水	3 大匙
芝麻油	1/2 小匙
水	3 杯
油〈煎炒用〉	1 小匙

作　法

① 將地瓜斜切後放進水中浸泡，花椰菜切過後用水汆燙
　然後過冷水。

② 蝦子從第二節中取出內臟，去除頭部與外殼，然後用
　刀切開背部，將頭部與外殼清洗後，和水一起加入平
　底鍋中煮成高湯使用。

③ 大蒜和生薑切成扁平狀，辣椒則切成薄片。

④ 將油倒進底部是圓形的平底鍋中，炒過大蒜和生薑後，
　加入②的煮蝦頭的水、地瓜、乾辣椒一起煮，地瓜煮
　熟後，再加入蝦子。

⑤ 在湯汁中加入醬油、鹽巴和胡椒來調味，接著加入綠
　花椰菜與勾芡水來調整濃度，關火倒入芝麻油。勾芡
　水要用 1：1 比例的水和澱粉混合製作。

Point
簡單取出蝦子內臟的方法
若不取出內臟，食用時可能
會吃到沙子，內臟要使用竹
籤之類尖銳的工具從第二節
開始剝除，然後用拇指抓住
並抽出內臟。

Healthy potato side dishes on your dining table

地瓜燉青花魚

青花魚含有豐富的蛋白質、脂肪、鈣、鈉、鉀、維他命 A、維他命 B、維他命 D 等養分，
青花魚的脂肪是人體必需的不飽和脂肪酸，對健康更好，
和地瓜一起料理可去除腥臭味，還會增加甜味。

材　料

地瓜……………………1/2 個
青花魚…………………1/2 隻
蔥………………………1/4 根
青辣椒……………………1 根
紅辣椒……………………1 根
鹽巴……………………1/2 大匙
洗米水……………………1 杯

燉煮醬料

醬油………………………2 大匙
辣椒粉……………………1 大匙
切碎的大蒜………………1 大匙
味增……………………1/2 大匙
胡椒……………………1/3 小匙
砂糖……………………1/2 大匙
糖漿………………………1 大匙
水…………………………1 杯

作　法

① 去除青花魚的內臟與頭部，斜切後撒上 1/2 大匙的鹽巴，抹鹽巴 10 分鐘，之後用洗米水過一下。

② 地瓜洗乾淨後，切成 1 cm 厚的圓片，接著浸泡在冷水中，蔥與辣椒都以斜切的方式處理。

③ 利用準備好的材料製作醬料，地瓜先放入鍋子，接著依序放入青花魚、淋上醬料與湯汁，然後燉煮到只剩下一點湯汁。

④ 將蔥與辣椒放在燉煮的青花魚上，再煮滾一次後關火，最後裝入碗中。

Point
去除青花魚腥臭味的妙方

青花魚是一種容易發出腥臭味的海鮮，事先以鹽巴稍微醃漬，然後浸泡在洗米水或牛奶中，就不會發出腥臭味，同時還能加強海鮮特有的風味。

醬汁地瓜鱈魚

油炸鱈魚和炸地瓜搭配香甜微辣的醬汁，鱈魚油炸後口感更具嚼勁，風味更佳。
鱈魚同時還具有幫助肝臟解毒的功效，疲倦時適合食用以補充營養。

材　料

地瓜	1 又 1/2 個
鱈魚	150 g
澱粉	4 大匙
雞蛋	1 顆
鹽巴	1/3 小匙
胡椒	1/3 小匙
芝麻油	1/2 小匙
油〈油炸用〉	適量

醬汁

辣椒醬	1 大匙
醬油	1 小匙
切碎的洋蔥	3 大匙
炒過的芝麻	1 小匙
砂糖	1 大匙
糖漿	2 大匙
水	1 杯

作　法

① 將地瓜切成 3 cm，浸泡在水中，將鱈魚切成長、厚的形狀，抹上鹽巴、胡椒、芝麻油醃漬，雞蛋放入容器中均勻攪拌。

② 地瓜要以 100 度油炸到內部也變成金黃色。

③ 調味好的鱈魚沾上澱粉後，接著沾上蛋液。

④ 鱈魚利用 180 度油炸兩次，直到變成金黃色為止。

⑤ 利用準備好的材料製作醬汁，煮到幾乎沒有湯汁為止，接著將炸好的地瓜與鱈魚放入醬汁攪拌，最後裝入容器中。

Point
醬汁須充分熬煮

醬汁若是太多水的話，在混合時會缺乏光澤，食用時不會有酥脆感，所以須充分熬煮過才行。
若是原本不斷冒出的泡沫變小的話，那就表示幾乎沒有水分，而且代表熬煮得很好。

乾地瓜炒鯷魚

這是一道將曬過的地瓜與小鯷魚乾一起炒的小菜。
鯷魚的酥脆感與乾地瓜的嚼勁相當契合，也很適合孩子們的口味。

材 料

乾地瓜⋯⋯⋯⋯⋯⋯⋯100 g
小鯷魚乾⋯⋯⋯⋯⋯⋯40 g
醬油⋯⋯⋯⋯⋯⋯⋯⋯1 小匙
糖漿⋯⋯⋯⋯⋯⋯⋯⋯1 大匙
切碎的大蒜⋯⋯⋯⋯⋯1 小匙
葡萄籽油⋯⋯⋯⋯⋯⋯1 大匙
芝麻油⋯⋯⋯⋯⋯⋯⋯1/2 小匙
胡椒⋯⋯⋯⋯⋯⋯⋯⋯1/4 小匙
芝麻鹽⋯⋯⋯⋯⋯⋯⋯1 小匙

作 法

① 將地瓜切成 4 cm 的長度，用篩網撈鯷魚乾，過濾粉末。

② 油倒入平底鍋中，先炒鯷魚乾，接著放入地瓜，然後加入醬油、糖漿、大蒜、胡椒後再炒一次。

③ 地瓜和鯷魚乾都炒好後關火，最後加入芝麻油與芝麻鹽。

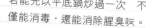

Point

清理粉末，先在乾燥的平底鍋中炒一次

小鯷魚乾在曬乾或運送的過程中，會因為碰撞而產生許多粉末，粉末過多時不適宜直接料理，須先以篩網過濾。
若能先以平底鍋炒過一次　不僅能消毒，還能消除腥臭味。

燉地瓜

利用醬油熬煮地瓜，輕鬆製作鹹味小菜。
由於只稍作調味，也可大量製作來當點心食用。

材　料

地瓜……………………1 個
大蒜……………………2 瓣
蔥………………………1/4 根
醬油……………………1 又 1/2 大匙
糖漿……………………2 大匙
炒過的芝麻……………1 小匙
水………………………1 杯

作　法

1 將地瓜切成 3 cm 大小的方塊，浸泡在冷水中去除澱粉。

2 將大蒜切成扁平狀，蔥則切成寬 1 cm 的大小。

3 將醬油、大蒜、蔥和水倒入鍋子煮，煮滾後加入地瓜。

4 地瓜煮熟，而湯汁也幾乎熬煮到快沒有時，加入糖漿再煮滾一次，然後關火灑上芝麻。

Point

燉煮時，糖漿最後再登場

燉煮時，若是一開始就加入糖漿或蜂蜜，在材料入味前水分就會流失，也無法突顯地瓜風味，因此必須在食材幾乎全熟時再加入糖漿。

Healthy potato side dishes on your dining table

地瓜莖炒蝦

將爽口的地瓜莖與酥脆乾蝦子一起炒過，是極有嚼勁的美味菜餚。
地瓜莖只要折斷後，外皮就會剝落，儘管是帶有葉子的葉柄，不過因為長度很長，所以被稱為莖。

材　料

地瓜莖··················· 100 g
蝦子乾··················· 20 g
切碎的大蒜············· 1 小匙
醬油····················· 1/2 小匙
鹽巴····················· 些許
胡椒····················· 1/3 小匙
芝麻鹽··················· 1 小匙
芝麻油··················· 1/2 小匙
油〈煎炒用〉··········· 1 大匙

作　法

① 去除地瓜莖的外皮，放入熱水中煮熟，再過一次冷水，接著切成 5 cm 左右的長度。

② 蝦子放進平底鍋炒，然後裝入盤子，再次將油倒入平底鍋中，先炒過大蒜，再加入地瓜莖一起炒。

③ 炒過的地瓜莖加入醬油、鹽巴、胡椒調味，然後把炒過的蝦子加進去，稍微攪拌混合，關火後倒入芝麻鹽與芝麻油。

Point
地瓜莖炒久一點，
蝦子稍微炒過即可

蝦子吸收醬料的速度很快，在短時間內就會變鹹，所以在地瓜莖充分炒過變軟，且內部也入味之後，再倒入蝦子一起炒。

地瓜莖泡菜

地瓜莖含有比地瓜更豐富的維他命 C 與膳食纖維，
利用地瓜莖醃漬泡菜可產生乳酸菌，幫助消化順暢。
如和地瓜一起吃，還可預防脹氣的情況發生。

材 料

地瓜莖	200 g
洋蔥	1/4 顆
紅辣椒	1 根
鹽巴	1 大匙

泡菜醬料

切碎的大蒜	1/2 大匙
切碎的生薑	1/2 小匙
切碎的蔥	1 大匙
魚露	1 大匙
蝦醬	1/2 大匙
辣椒粉	1 又 1/2 大匙
糯米糊	1/2 杯
砂糖	1/2 小匙

作 法

① 去除地瓜莖的外皮，加入鹽巴 1 大匙、水 1 杯，醃漬 20 分鐘後，用
冷水過三次。

② 洋蔥去皮切好後，將辣椒切成一半，去籽後切成細條狀。

③ 將容器中的材料製作成泡菜醬料，放置 30 分鐘後，加入①的地瓜莖、
洋蔥與辣椒混合攪拌，最後放進密封的容器中。

Point

品嘗新鮮的地瓜莖泡菜

醃漬泡菜時，要挑又嫩又豐滿
的地瓜莖，去除外皮後再使用。
地瓜莖泡菜不要放太久，因為
一天就能醃熟了，要盡快吃才
美味。

Chapter 3 讓餐桌變豐盛的地瓜菜餚 59

Healthy potato side dishes on your dining table

地瓜莖醬菜

利用當季出產的食材製作能長期食用的醬菜是近來趨勢，
為了避免醬菜過鹹，而用醋來取代鹹味，除可提升儲藏性，酸味還能幫助改善食欲不振。

材 料

地瓜莖	200 g
乾辣椒	1 根
大蒜醬菜	1/4 杯
鹽巴	1 大匙

醬菜醬油

醬油	4 大匙
糖漿	2 大匙
醋	3 大匙
砂糖	1/2 大匙
鹽巴	1/2 大匙
水	2 杯

作 法

① 去除地瓜莖的外皮，清洗乾淨後瀝乾，接著切成 5 cm 左右的長度，加入 1 大匙鹽巴，醃漬 30 分鐘後過一下冷水。

② 將醬菜醬油倒入鍋子煮，煮滾時就關火，等冷卻後倒在①的地瓜莖上。

③ 將辣椒切成寬 1 cm，加入②的醬菜中，接著加入大蒜醬菜，然後冷藏保存。

④ 經過一天後，將醬油另外煮過，冷卻後倒入，重覆進行兩次。

Point

醬油再次煮過後才倒入

低鹹度的醬菜須冷藏保存，從冰箱取出後，必須將醬油另外煮過再倒入，這是因為食材會出水而稀釋味道，醬油煮過三次以上並倒入之後即可在常溫中保存，之後只要一個月再煮一次，即可長時間保存。

Chapter 4

Some delicious ways to cook a sweet potato

地瓜的華麗變身—單品料理

原本是加入馬鈴薯的料理，如改成地瓜可賦予料理更多變化，
口感柔和的西式料理搭配起地瓜，展現嶄新的絕佳滋味。
地瓜的單品料理很適合沒有胃口、或是客人突然造訪時輕鬆製作，
同時也是孩子們營養的最佳美味來源。

Some delicious ways to cook a sweet potato

地瓜咖哩

咖哩中加入薑黃的根、芫荽的籽、肉豆蔻、蒔蘿、藏紅花、百里香、辣椒、胡椒、生薑、芥末等各式各樣的香料。

同時有相當多具強力殺菌效果的物質，咖哩的黃色是薑黃的顏色，更具有抗氧化、抗癌的成分。

材料

地瓜……………………1 個
紅蘿蔔…………………1/5 根
洋蔥……………………1/4 顆
豌豆……………………2 大匙
葡萄籽油………………1/2 大匙
咖哩……………………50 g
飯………………………2 碗
水………………………3 杯
鹽巴……………………些許

作法

① 將地瓜切成 1 cm 大小的方塊，放在冷水中浸泡，紅蘿蔔和洋蔥也切成相同大小。

② 將豌豆放進加有些許鹽巴的水中煮，接著過一下冷水。

③ 葡萄籽油倒入鍋中，將地瓜、洋蔥和紅蘿蔔炒過，接著倒入水來煮。

④ 將 1 杯冷水和咖哩粉攪拌混合，地瓜熟之後加入並攪拌均勻，接著加入豌豆，關火後倒在飯上即可。

Point

即時咖哩與傳統印度咖哩

即時咖哩中含有澱粉，濃度也很容易調整；傳統印度咖哩的濃度則不高。

利用進口印度咖哩製作地瓜咖哩時，要挑選蔬菜咖哩來使用，並依照喜好加入鹽巴、胡椒等調味，同時利用澱粉或米粉來調整濃度。

地瓜炸醬麵

炸醬是利用豆子與澱粉製作成的中式醬料，具豐富蛋白質，還能防止便祕。
在炸醬中加入含有豐富維他命 U 的高麗菜、豆子製作的素肉、以及降低脂肪吸收的洋蔥和地瓜等食材，即可做出香甜四溢的炸醬麵。

材　料

地瓜…………………… 1/2 個

洋蔥…………………… 1/4 顆

高麗菜………………… 1 又 1/2 片

素肉…………………… 10 g

炸醬…………………… 2 大匙

砂糖…………………… 1/2 小匙

勾芡水………………… 3 大匙

水……………………… 3 杯

鹽巴…………………… 些許

油（煎炒用）………… 1 大匙

小黃瓜………………… 1/4 根

麵條…………………… 200 g

作　法

① 將地瓜切成 1 cm 的大小，浸泡在冷水中，接著將洋蔥、高麗菜切成相同大小。

② 將素肉浸泡在水中 30 分鐘，瀝乾後切成小塊。

③ 將油倒進平底鍋，加入炸醬後用小火炒 10 分鐘，接著倒入蔬菜與素肉拌炒。

④ 在鍋中加入水煮開，等水滾後加入鹽巴、砂糖調味，接著倒入勾芡水調整濃度。

⑤ 小黃瓜洗好切細，在鍋子裝入足夠的水，水滾時，把麵放進去煮，煮沸時倒兩次冷水。

⑥ 將麵條洗乾淨後，倒入熱水，和炸醬一起裝入碗中，最後放上小黃瓜。

Point

香噴噴且充滿辣味的炸醬

炸醬的重點就是要充分地炒過。鍋中倒入炸醬和油，用小火充分炒過，當然，要避免燒焦，炸醬很香，和蔬菜相當融洽。

炒蔬菜時，如倒入 1 大匙的酒同時爆香，還能呈現中式餐廳的炸醬麵風味。

Some delicious ways to cook a sweet potato

炸地瓜排

這是一種沾麵粉、雞蛋、麵包粉油炸製作成的食物，外層的麵包粉酥脆，內部則很柔軟。
利用素肉補充蛋白質與咀嚼口感，製作柔軟又具嚼勁的炸地瓜排吧。

材　料

地瓜………………………2 個

素肉………………………10 g

麵粉………………………1/2 杯

雞蛋………………………1 顆

麵包粉……………………1 杯

鹽巴………………………些許

胡椒………………………1/4 小匙

油（油炸用）…………適量

炸豬排醬汁……………適量

作　法

① 地瓜清洗後放進冒煙的蒸鍋中，蒸 20 分鐘後，將地瓜搗碎。

② 素肉放進水中浸泡 20 分鐘，切成小塊後瀝乾。

③ 將地瓜和素肉混在一起，加入鹽巴和胡椒調味，捏成厚 1 cm 左右、手掌大小的地瓜排。

④ 依序將麵粉、雞蛋、麵包粉塗抹在地瓜排上，將足量的油倒入平底鍋中，然後開始油炸。

⑤ 去除地瓜排的油，淋上炸豬排醬汁。

Point

自製炸豬排醬汁

以 1：1 的比例倒入麵粉與橄欖油，然後炒到出現褐色，加入些許的水調整濃度，接著加入月桂葉一起煮。將香蕉、蘋果、鳳梨等水果磨碎加入，最後只要加入醬油、醋、鹽巴、胡椒就完成了。

地瓜拌飯

嫩葉蔬菜含有的維他命、礦物質比熟成蔬菜更高出三、四倍，也容易消化，可讓體內新陳代謝更活躍，同時清除累積在體內的有害物質，
和地瓜一起拌飯吃，即是一道令人食指大動的拌飯食譜。

材　料

地瓜	1/2 個
萵苣	4 片
嫩葉蔬菜	1 把
泡菜	2 片
芝麻油	1/2 大匙
飯	2 碗

炒辣椒醬

辣椒醬	4 大匙
洋蔥	1/4 顆
切碎的蔥	1 大匙
切碎的蒜	1 小匙
蜂蜜	1 大匙
葡萄籽油	1/2 大匙
水	4 大匙

Point
加入洋蔥炒的辣椒醬

炒辣椒醬本來是將牛肉搗碎加入拌炒的辣椒醬，但由於地瓜和牛肉並不搭，所以改成以洋蔥製作。
不過將洋蔥切碎，再加入散發香味的葡萄籽油中長時間炒的話，辣椒醬很容易燒焦，烹飪時須多加小心。

作　法

① 將地瓜切碎後，放在冷水中浸泡，藉此消除澱粉。

② 將萵苣切成薄片，放在冷水中浸泡，然後也將嫩葉蔬菜浸泡在冷水後瀝乾。

③ 清除泡菜的調味料後，切小片再瀝乾。

④ 將洋蔥切碎後，在平底鍋中淋上油，炒過後加入大蒜和蔥，加入辣椒醬、蜂蜜和水一起煮，煮滾後即可關火。

⑤ 盛飯至碗中，接著擺上地瓜、嫩葉蔬菜、泡菜，然後淋上④的炒辣椒醬與芝麻油。

地瓜加州捲

加州捲是利用加州盛產的酪梨，搭配海鮮、蔬菜和水果等，依照西洋人的喜好製作成的壽司捲，飯包覆在海苔外面，顯得更加豐盛。
一起嘗試用地瓜取代酪梨來製作柔軟可口的加州捲吧。

材 料

地瓜……………………1/2 個
雞蛋……………………1 顆
蟹肉……………………2 條
小黃瓜…………………1/4 根
海苔……………………2 張
魚卵……………………2 大匙
飯………………………2 碗
鹽巴……………………些許
醋………………………1 小匙
自製美乃滋……………1 大匙

壽司醋

醋………………………3 大匙
砂糖……………………2 大匙
鹽巴……………………1/2 大匙
檸檬……………………1/4 顆

作 法

① 保持地瓜原有的長度切細，和 1/2 杯的水一起倒進平底鍋中煎炒。

② 把雞蛋打入容器中攪拌，接著加入鹽巴，煎成有點厚度的形狀，再切成寬度約 1 cm 左右、長度與海苔相近的長條狀。同時將蟹肉切成細長狀。

③ 小黃瓜也切成細長狀，然後去籽，加入些許鹽巴醃漬，接著瀝乾後，利用平底鍋稍微炒過，最後放置冷卻。

④ 在 1 杯水中倒入 1 小匙的醋製造醋水，用此醋水去除魚卵的腥臭味，然後瀝乾。

⑤ 將準備好的壽司醋材料倒入鍋中，以小火煮沸，砂糖與鹽巴融化後即可關火，加入熱騰騰的米飯均勻攪拌。

⑥ 利用厚的保鮮膜包覆飯捲，讓海苔光滑的部分朝上，將海苔的 2/3 鋪上白飯，接著加入地瓜、雞蛋、小黃瓜、蟹肉後捲起來，在飯的上方塗抹魚卵。

⑦ 將飯捲切成 1.5 cm 的厚度放在碟子上，最後淋上自製美乃滋。

Point
用醋水沖洗魚卵延長保存時間

市售的魚卵已經調味過，並以冷凍的方式保存，可直接食用，不過飯捲的魚卵都是生吃，如利用醋水沖洗後再使用就不會散發腥臭味，同時還能延長保存時間。自製美乃滋的做法相當簡單，只要用打蛋器或攪拌機均勻攪拌蛋黃、醋、沙拉油、芥末和鹽巴，即可輕鬆完成。

Some delicious ways to cook a sweet potato

地瓜海鮮炒飯

地瓜搭配豐富的海鮮，打造出更香濃的炒飯。
蝦子和魷魚含有豐富的蛋白質與牛磺酸，有助於恢復疲勞，還能降低血液中的膽固醇。

材　料

地瓜……………………1 個
蝦仁……………………5 隻
魷魚……………………1/2 隻
洋蔥……………………1/4 顆
青椒……………………1/4 個
飯………………………2 碗
油（煎炒用）…………1 大匙
鹽巴……………………些許
胡椒……………………1/3 小匙

作　法

① 將地瓜切碎後，浸泡在冷水中，藉此消除澱粉，接著將洋蔥和青椒切成相同大小。

② 將蝦仁的內臟取出，利用淡的鹽水清洗，切成和地瓜相同大小，魷魚去殼後，也切成相同大小。

③ 平底鍋淋上油後，將地瓜和洋蔥炒過，接著加入蝦仁與魷魚拌炒，然後加入飯一起炒。

④ 在炒過的飯中加入鹽巴、胡椒、青椒，再炒一次，讓味道均勻分散後即可上桌。

Point

洗海鮮的鹽巴水濃度要和海水一樣

海鮮要利用海水濃度的鹽巴水來清洗，如此一來，海鮮的味道才不會因為滲透壓而流失。正確的鹽巴水濃度是一杯水加上 1/2 大匙的鹽巴。

地瓜蓋飯

蓋飯是在醋飯上加入各種食材後食用的日本傳統料理，可擺上海鮮、蔬菜、雞蛋、牛肉等各式各樣的材料後食用。

在熱騰騰的飯中加入壽司醋後迅速冷卻，水分蒸發後，一層層擺上飯和食材，看起來既美觀又好吃。

材　料

栗子地瓜	1/4 個
紫心地瓜	1/4 個
紅蘿蔔	1/6 根
雞蛋	1 顆
水芹菜	10 條
飯	2 碗
醋	1 小匙
油〈煎炒用〉	1 大匙

壽司醋

醋	3 大匙
砂糖	2 大匙
鹽巴	1/2 大匙
檸檬	1/4 顆

作　法

① 將兩種地瓜各自切細後，將紫心地瓜瀝乾後放在一旁，栗子地瓜則須浸泡在冷水中消除澱粉。接著在平底鍋中淋上油，然後分別稍微炒過。

② 紅蘿蔔切成和地瓜一樣大，然後稍微燙過。將雞蛋的蛋黃與蛋白分開，分別煎成薄狀的蛋捲，然後切細。

③ 挑選嫩的水芹菜，浸泡在醋中 5 分鐘，瀝乾後切成 2 cm 的大小。

④ 將壽司醋的材料放進鍋子裡，稍微煮過後，等砂糖和鹽巴融化後關火，加入熱飯後均勻攪拌。

⑤ 將④的飯鋪一層在四方形的容器或便當盒中，擺上地瓜、紅蘿蔔、雞蛋、水芹菜，再放上一層飯，最後再擺上一層地瓜、紅蘿蔔、雞蛋、水芹菜。

Point

適合灑上新鮮蔬菜來食用的蓋飯

將生吃的蔬菜浸泡於醋中，瀝乾後的蔬菜和醋飯很搭，可隨心所欲擺上喜愛的蔬菜來食用。

Some delicious ways to cook a sweet potato

地瓜白醬義大利麵

牛奶是富含蛋白質、脂肪、醣分、礦物質、維他命等身體需要的 55 種營養素的高營養食品。
將地瓜混入牛奶中，可輕鬆製作白醬義大利麵，也是孩子們十分喜愛的一道料理。

材 料

地瓜……………………1 個

牛奶……………………1 杯

甜椒（紅色、黃色、綠色）
………………………各 1/4 個

洋蔥……………………1/2 顆

鹽巴……………………些許

胡椒……………………1/3 小匙

橄欖油…………………2 大匙

義大利麵麵條…………150 g

水………………………2 杯

作 法

① 將地瓜去皮切碎，在鍋中加入鹽巴 1/3 小匙和 2 杯水一起煮。

② 將足夠的水倒入鍋中煮滾後，先加入 1 小匙的鹽巴和橄欖油 1/2 大匙，接著放入義大利直麵煮 6 分鐘。

③ 將甜椒和洋蔥切粗一點。

④ 將煮過的地瓜、剩下的水、牛奶加入攪拌機中，均勻攪拌後製作成地瓜白醬。

⑤ 將 1 又 1/2 大匙的油和洋蔥倒入平底鍋拌炒，再加入煮過的義大利麵一起炒，然後倒入④的地瓜白醬與甜椒再炒一次，最後使用鹽巴和胡椒調味，即可盛盤上桌

Point

如果想先煮好義大利麵直麵條備用……

義大利麵的直麵條一般需要煮 6~7 分鐘才會熟，但如果料理時間太長或隔一段時間之後才要使用的話，煮 1 分鐘即可撈起，然後淋上油並分成一回用的分量放置冰箱冷藏。之後依需求取出想要的量，只需在食用前均勻淋上醬汁稍微炒過，麵條就會具有嚼勁。

地瓜塊排

綠花椰菜中含有豐富的膳食纖維、維他命 A、維他命 C、以及維他命 U，可抑制導致老化的自由基，具抗癌功效。
持續食用綠花椰菜對身體好處多多，試著搭配地瓜享用不同的風味吧！

材料

地瓜······················1 個
綠花椰菜···············1/4 顆
素肉— 15 g
洋蔥··················1/4 顆
青椒··················1/4 個
油〈煎炒用〉··········1 大匙
切碎的大蒜············1 小匙
多明格拉斯醬（Demi glace
sauce 牛肉燴醬）······1/2 杯
雞肉高湯···············1/2 杯
鹽巴··················些許
胡椒··················1/3 小匙

作法

① 將地瓜清洗乾淨，切成 3 cm 大小的方塊，並將洋蔥和青椒也切成 3 cm 的大小。

② 將花椰菜切成 3 cm 大小，加入已經煮沸且加有些許鹽巴的水中煮，接著過一次冷水，將素肉放在水中浸泡 15 分鐘，然後切成和花椰菜一樣大。

③ 將平底鍋淋上油，先放入大蒜炒，再放入地瓜稍微炒過，之後加入 1 杯雞肉高湯來煮。

④ 等③的水變少後，加入多明格拉斯醬和素肉，然後炒到湯汁幾乎不剩為止。

⑤ 將洋蔥、花椰菜、青椒倒進④炒過一次後，加入鹽巴、胡椒調味。

Point

利用地瓜與綠花椰菜製作的地瓜塊排

燙綠花椰菜時，若是加入些許鹽巴，可讓顏色變得更加鮮明。汆燙後須放置冷卻後再使用。多明格拉斯醬則是利用肉的高湯製作而成，熬煮到剩一半，使其散發光澤，是一種法式醬料。我們一般使用的牛排醬汁也是多明格拉斯醬的一種。

Some delicious ways to cook a sweet potato

地瓜披薩

甜椒的營養會隨著顏色不同而有些許差異，紅色可提升免疫力，黃色則含有豐富的胡蘿蔔素，對於預防感冒與維持皮膚彈性有幫助，綠色含有豐富的有機酸，可有效改善肥胖體質，豐富的鐵質也可預防貧血。

材　料

地瓜……………………1 個

迷你甜椒（紅色、黃色、橘色）

………………………… 各 1 個

洋蔥…………………… 1/2 顆

天然莫札瑞拉乳酪…… 50 g

橄欖油………………… 2 又 1/2 大匙

芥末醬………………… 1 大匙

鹽巴…………………… 1 小匙

磨碎的乾胡椒………… 1 小匙

切碎的巴西利………… 1 大匙

作　法

① 地瓜切成 0.5 cm 的厚度，用水過一下，在平底鍋中淋上 2 大匙的油，煎烤到成金黃色為止，注意千萬別弄碎。

② 將洋蔥切成 1 cm 的大小，在平底鍋中放入 1/2 大匙橄欖油後來拌炒洋蔥，接著加入些許鹽巴與胡椒。

③ 將迷你甜椒切薄。讓莫札瑞拉乳酪不會凝固成一團。

④ 烤過的地瓜塗抹芥末醬後，放上炒過的洋蔥，然後在上面放迷你甜椒、莫札瑞拉乳酪與巴西利。

⑤ 烤箱溫度設定為 180 度，預熱 5 分鐘後將放滿材料的地瓜放進去烤 5~7 分鐘左右，等起司融化即可取出。

Point

使用小烤箱時要注意

一般烤箱需要預熱 10 分鐘以上，但是小烤箱只要預熱 5 分鐘後即可開始使用，不過由於小烤箱的溫度可能會不夠精準，使用上最好能多加注意。

地瓜漢堡

由於地瓜漢堡很清淡，適合作為女性和孩子們的點心，因為有加入番茄與萵苣，口感也很棒。
番茄的紅色色素蘊含豐富的茄紅素成分，具有抑制老化與抗癌的效果。
萵苣中則富含豐富的鈣質，能強化骨質，預防骨骼疏鬆症。

材　料

地瓜	1 個
萵苣	4 片
番茄	1/2 顆
小黃瓜	1/5 根
芥末醬	2 大匙
自製番茄醬	2 大匙
鮮奶油	2 大匙
漢堡麵包	2 片
奶油	些許
鹽巴	些許

作　法

① 地瓜去皮切下，放在冒煙的蒸鍋中蒸 20 分鐘，接著取出地瓜放置冷卻後，加入鹽巴 1/3 小匙和鮮奶油 2 大匙均勻混合。

② 將①的地瓜麵團切成 1 cm 的厚度，搓揉成圓餡餅形狀。同時將萵苣浸泡在水中 5 分鐘後瀝乾。

③ 將番茄切薄，撒上些許鹽巴去除水分，小黃瓜斜切成薄片。

④ 漢堡麵包放在乾平底鍋中煎烤，然後放置冷卻，接著塗抹奶油，依序放上萵苣、芥末醬、地瓜、自製番茄醬、小黃瓜、番茄、萵苣，最後用麵包蓋住。

Point

番茄要記得先去除水分

番茄擁有大量的水分，若是直接使用在漢堡中，會因水分太多而弄濕漢堡，地瓜餡餅的形狀也可能會因此被破壞。在番茄上撒鹽巴後，用餐巾紙或棉布充分去除水分後再放入漢堡中。自製番茄醬的做法是將熟成的番茄燙過後，去除外皮與籽，然後撒上鹽巴、砂糖、醋、洋蔥汁、蜂蜜或糖漿即可。

Some delicious ways to cook a sweet potato

焗烤地瓜綜合海鮮

將章魚、貽貝、蝦子全部調味成微辣，再以滿滿的起司包裹起來的地瓜料理，相當適合當作下酒菜。
章魚含有豐富的鐵質，可預防貧血。疲勞或全身無力時，是能夠增強體力的一種海鮮。

材　料

地瓜	1 又 1/2 個
青椒	1/4 個
蝦子	4 隻
孔雀蚵	4 個
章魚	1 隻
天然莫札瑞拉乳酪	50 g
切碎的大蒜	1 大匙
橄欖油	1 大匙
番茄醬汁	1/2 杯
辣椒醬	1 大匙
清酒	1 大匙
鹽巴	些許
胡椒	1/2 小匙
切碎的巴西利	1 大匙
水	1 杯

作　法

① 將地瓜洗乾淨，切成 3 cm 左右的大小，再過一下冷水，青椒同樣也切成 3 cm 的大小。

② 蝦子從第二節取出內臟，清洗孔雀蚵。

③ 章魚加入鹽巴搓揉後，浸泡在冷水中 20 分鐘，變軟之後切成 6 cm 的大小。

④ 在平底鍋中淋上油，加入大蒜炒，接著倒入地瓜與蝦子拌炒，然後加水煮滾。

⑤ 水變少之後，加入番茄醬汁、辣椒醬、孔雀蚵、章魚和清酒，煮到幾乎不剩湯汁為止。

⑥ 加入鹽巴和胡椒調味，接著放入青椒攪拌，再撒上莫札瑞拉乳酪和巴西利，最後放入 190 度的烤箱中烤 5 分鐘左右即可上桌。

Point

將章魚洗乾淨、洗柔軟的方法

用鹽巴搓洗章魚，能夠洗去章魚滑溜的部分，但是章魚肉如變硬也會變得太鹹，所以以鹽巴搓洗後還要放在冷水中浸泡一段時間，讓收縮的肉質變軟後再行調理。如使用麵粉或洗米水來清洗章魚，則可馬上進行調理。

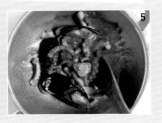

Chapter 5

Find quick & easy healthy potato dessert recipes
孩子們最愛的地瓜飲料 & 點心

以地瓜製作的簡單飲料與點心，具有相當程度的飽足感，
營養也十分豐富，當作正餐來食用也完全沒有問題。
讓我們一起來製作簡單又讓人忍不住一口接一口的飲料和點心吧。

Find quick & easy healthy potato dessert recipes

地瓜盅

乳酪不僅富含蛋白質，也含有大量脂肪，乳酪的脂肪容易被人體消化，對不喜歡牛奶的人來說，會比較能夠接受。

洋蔥與地瓜融合後，味道更加清新，形狀也相當漂亮，十分適合當作小朋友們的點心或用來招待客人。

材　料

地瓜……………………2 個
素肉……………………5 g
洋蔥……………………1/4 顆
葡萄籽油…………………1/2 大匙
鹽巴……………………些許
胡椒……………………1/3 小匙
天然起司（切達乳酪或莫札瑞
拉乳酪）…………………40 g

作　法

① 地瓜洗乾淨後，對切維持長度，接著放入冒煙的蒸鍋中蒸到內部變熟。

② 將素肉浸泡在水中 15 分鐘後瀝乾，切成小塊，洋蔥也切成相同大小。

③ 油倒入平底鍋，將洋蔥和素肉炒過後，加入些許的鹽巴和胡椒炒。

④ 用湯匙或筷子稍微挖掉一些蒸過的地瓜，在地瓜中加上炒過的素肉與洋蔥，再擺上切過的乳酪，放到 180 度的烤箱中烤 5 分鐘。

Point
與地瓜盅最速配的酸奶油醬

與地瓜一起食用最速配的沾醬，則非酸奶油醬莫屬了。酸奶油醬以鮮奶油的乳酸菌發酵製作而成，市面上也有販售。想要製作酸奶油醬，只要混合鮮奶油和原味優格，或在鮮奶油中加入些許的醋，再使用攪拌機攪拌混合即可。

地瓜條

所謂的冒煙點，是指油在加熱後開始產生煙的最低溫度，在進行油炸時，最好使用冒煙點溫度較高的油。葡萄籽油的冒煙點比其他油更高，炸出來的地瓜不僅乾淨清爽，味道也比較香。

材　料

地瓜⋯⋯⋯⋯⋯⋯⋯⋯1 個
砂糖⋯⋯⋯⋯⋯⋯⋯⋯1/2 杯
葡萄籽油⋯⋯⋯⋯⋯⋯適量

作　法

① 將地瓜切成長條狀，浸泡在冷水中，然後瀝乾。

② 將地瓜放置在 150~160 度的溫度中炸到褐色為止，然後放到餐巾紙上，等待冷卻並去油。

③ 將油炸過的地瓜條裝在碗或紙袋裡，撒上砂糖均勻混合。

Point
如何炸出酥脆美味的地瓜條

地瓜條必須在穩定的溫度下油炸，內部才會酥脆，所以當倒入足夠的油後，要十分注意溫度得從開始到最後都維持一致。油炸鍋不要選擇寬的而是要用內部較深的鍋，如此一來才能炸出漂亮的顏色。

Find quick & easy healthy potato dessert recipes.

地瓜球

堅果類食物可幫助腦神經細胞成長，含有豐富的不飽和脂肪酸和維他命 E 能促進腦部發展，如在地瓜球中加入各種堅果類，可提升食物的香味和營養。

材　料

地瓜	2 又 1/2 個
蜂蜜	2 大匙
核桃	2 大匙
花生	1 大匙
水果乾	2 大匙
海綿蛋糕	2 個
艾蒿粉	2 大匙
黑芝麻	5 大匙

作　法

① 地瓜去皮後浸泡在冷水中，藉此去除澱粉，瀝乾後放入冒煙的蒸鍋中蒸 30 分鐘。

② 將蒸過的地瓜放進篩網壓碎，倒入 1 大匙的蜂蜜混合，接著切碎核桃、花生、水果乾。

③ 將堅果和水果乾放入②蒸過的地瓜中，然後搓揉成圓形。

④ 海綿蛋糕去除外層，放進篩網壓碎後分成 3 等分，一份混合艾蒿粉，一份混合黑芝麻粉，最後一份則保持原海綿蛋糕的粉末，如此製作成三種沾粉。

⑤ 在地瓜球外側塗抹蜂蜜，分別均勻沾上④的粉末，即可擺盤上桌。

Point

地瓜麵團要確實搓揉

用篩網壓碎蒸好的地瓜，是不能馬上使用的，若是直接用蒸好的地瓜加入堅果與水果乾來搓地瓜球的話，會很容易就裂開。

所以需要先反覆仔細搓揉地瓜麵團很多次後，再加入堅果與水果乾，才能搓揉出漂亮的地瓜球。

拔絲地瓜

拔絲是絲的意思，是中式食物。讓砂糖融化為褐色焦糖，充分攪拌後讓它形成絲，是一種可使用於地瓜、香蕉、糯米糕等料理上的方式。

食物還熱的時候稍微快速浸泡冰水或灑上冷水，即可讓表面的砂糖變硬，而食物內部還是維持在熱騰騰的狀態。

材 料

地瓜⋯⋯⋯⋯⋯⋯ 1 又 1/2 個

砂糖⋯⋯⋯⋯⋯⋯ 1/4 杯

油（油炸用）⋯⋯⋯ 適量

黑芝麻⋯⋯⋯⋯⋯ 2 大匙

冷水⋯⋯⋯⋯⋯⋯ 1 小匙

Point

地瓜要利用小火油炸

地瓜若是用大火油炸的話，只有外觀會變色，內部則難以變熟；所以須將地瓜放在非常低的溫度中油炸到內部變熟，外層則會變成褐色。

作 法

① 將地瓜切成 3 cm 大小，浸泡在冷水中去除澱粉，然後瀝乾。

② 在油炸鍋中倒入足夠的油，在 100 度時倒入地瓜，油炸到變褐色為止。

③ 撈起②中油炸的地瓜，去油，在平底鍋中加入油 1 大匙、砂糖 1/4 杯，讓砂糖融化煮成褐色的焦糖。

④ 將油塗抹在碟子上，另外準備一個碗裝冷水。

⑤ 攪拌③中融化的砂糖 1 分鐘，讓其形成絲，加入②中的炸地瓜攪拌，並加入黑芝麻混合。此時加入一匙冷水降低砂糖黏性。

⑥ 將沾上砂糖的地瓜一一取出放在塗抹油的碟子上，放置冷卻後再裝入碗中。

Find quick & easy healthy potato dessert recipes

地瓜乾蜂蜜茶

蜂蜜是一種會讓身體變溫暖，還能恢復疲勞的優良食品。

將炒過的乾地瓜製作成蜂蜜茶，不僅可解除口渴，持續喝還能提升免疫力。

材料

炒過的乾地瓜…………40 g

蜂蜜…………………2 大匙

松子…………………1/2 大匙

水……………………3 杯

作法

① 將炒過的乾地瓜過一次冷水，接著和水倒入鍋子中煮滾。

② 水滾後，轉小火再煮 15 分鐘，接著用篩網過濾。

③ 在地瓜茶中加入蜂蜜，最後灑上松子。

Point

香噴噴的炒地瓜茶

將地瓜切成薄片，放在陽光充足的地方將內部完全曬乾，然後放在乾平底鍋中炒到外觀稍微變褐色，即可泡出香噴噴的炒地瓜茶。

地瓜拿鐵

牛奶和地瓜的味道相當搭配，將這兩樣混和在一起可製作出口感柔和的飲品，

只要使用煮好的地瓜即可輕鬆製作，營養具飽足感，也可當作早餐食用。

材料

地瓜…………………1 個

糖漿…………………4 大匙

牛奶…………………400 ml

水……………………2 杯

作法

① 地瓜去皮後，切成 2 cm 的大小，浸泡在冷水中去除澱粉，接著放入鍋內，倒 2 杯水一起煮滾。

② 等到①的鍋子中煮到快沒水時，就關火放置冷卻，然後放入攪拌機，加入牛奶、糖漿打勻。

Point

如何製作糖漿

加入 1：1 的砂糖和水，用小火煮，不要攪拌，煮滾後即告完成。

地瓜芒果汁　　地瓜優格奶昔

芒果是熱帶水果，含有豐富的維他命 A、維他命 C、維他命 D 和鎂，同時富含和黃綠色蔬菜差不多量的胡蘿蔔素，纖維質豐富，有助改善便秘。

優格是以乳酸菌發酵的牛奶製作而成，乳酸菌會將食物醣分氧化，進而散發酸味。即使是對牛奶消化不良的人也能盡情享受。

材 料

南瓜地瓜⋯⋯⋯⋯⋯⋯1 個
芒果⋯⋯⋯⋯⋯⋯⋯⋯1 個
碳酸水⋯⋯⋯⋯⋯⋯⋯400 ml
糖漿⋯⋯⋯⋯⋯⋯⋯⋯2 大匙
冰塊⋯⋯⋯⋯⋯⋯⋯⋯些許

材 料

紫心地瓜⋯⋯⋯⋯⋯⋯1 個
結凍的原味優格⋯⋯⋯200 g
糖漿⋯⋯⋯⋯⋯⋯⋯⋯3 大匙
冰塊⋯⋯⋯⋯⋯⋯⋯⋯些許
水⋯⋯⋯⋯⋯⋯⋯⋯⋯1 杯

作 法

① 將南瓜地瓜去皮，切成 1 cm 的大小，浸泡在冷水中去除澱粉，再放入蒸鍋中蒸 20 分鐘，利用篩網壓碎，然後冷藏保存。

② 挑選熟成變黃色的芒果，去皮後，用刀從中將兩側果肉切下，利用篩網壓碎。

③ 將蒸好的地瓜與芒果混在一起，加入糖漿、碳酸水混合，加上冰塊後即可倒入杯中享用。

作 法

① 紫心地瓜去皮後，切成小塊，放在冒煙的蒸鍋中蒸 10 分鐘，讓內部也變熟，然後放置冷卻。

② 將①的地瓜、結凍的原味優格、冰塊、糖漿和水倒在一起攪拌，接著裝入杯子，然後插上吸管。

Point

須使用成熟的芒果

芒果剛開始是綠色，熟成後，內部會變軟，外側則會變黃。用來製作果汁的芒果要使用熟成變黃的，如此一來才會兼具甜度與美味。若是想要新鮮爽口的味道，可選擇愛文芒果。

Point

在家 DIY 優格

到藥局購買乳酸菌加入牛奶中，可以用清麴醬機器製作，或將其放在溫暖的房間裡一晚發酵，等凝固之後放入冰箱冷藏保存即可。

Find quick & easy healthy potato dessert rec

地瓜米蛋糕

量少仍富含優質蛋白質的米，搭配地瓜一起蒸過後製作而成的地瓜米蛋糕，
不甜、口感清淡且香味十足，熱茶或冰飲都很適合搭配食用。

材料

紫心地瓜粉……………4 大匙

地瓜………………1/2 個

米粉（碾米廠製造的米粉）
………………4 杯

南瓜籽………………1 大匙

石耳………………2 片

棗子………………1 個

水………………3 大匙

鹽巴………………些許

砂糖………………2 大匙

作法

① 去除地瓜的外皮，切成薄片，過一次冷水後瀝乾，加入 1 大匙砂糖後攪拌。

② 加入米粉、紫心地瓜粉、鹽巴和水 3 大匙混合後，以篩網過濾。石耳放進滾水中煮到變軟，拿出來搓揉清洗，瀝乾後切碎。

③ 將棗子的籽去除，捲起來切成薄片。

④ 在冒煙的蒸鍋中鋪上棉布，在蛋糕模中鋪上紙張，淋上水後鋪上一半的米粉，接著放上地瓜，再次加入米粉，然後蒸 10 分鐘。

⑤ 米蛋糕蒸好後，關火悶熱 5 分鐘，然後打開蓋子，在糕餅上加入石耳、南瓜籽、棗子作為裝飾，如想讓米蛋糕變濕潤，可覆蓋棉布使其冷卻。

Point

在碾米廠中均勻碾出的米粉

將放置一晚發脹的米帶去碾米廠，碾米廠可幫忙碾碎為蒸糕用的米粉，並加入鹽巴調味。若是對製作糕餅有自信，可以要求不要加鹽，由自己來調味。

炸地瓜丸

在日本被稱為炸馬鈴薯丸或可樂餅，其實源自於口感酥脆的法式小點 Croquett。能夠咀嚼品嘗各種蔬菜滋味，同時融合了地瓜的甜美，完整呈現炸地瓜丸美味酥脆的絕佳口感。

材 料

地瓜……………………2 個
青椒……………………1/4 個
紅蘿蔔…………………1/6 根
洋蔥……………………1/4 顆
鹽巴……………………些許
胡椒……………………1/3 小匙
葡萄籽油………………適量
麵粉……………………1/2 杯
麵包粉…………………1 杯
雞蛋……………………1 顆

作 法

① 將地瓜去皮，切好後浸泡在冷水中去除澱粉，接著放進蒸鍋中蒸20 分鐘，然後用篩網壓碎。

② 將青椒、紅蘿蔔、洋蔥切碎，在平底鍋中淋上油，然後稍微炒過。

③ 將蒸過的地瓜與炒過的蔬菜混在一起，加入些許的鹽巴與胡椒調味，然後搓揉成長橢圓形。

④ 打蛋到容器內，另外在麵包粉中加入 3 大匙的水，讓麵包粉變濕潤。

⑤ 在搓揉好的地瓜橢圓條上均勻地依序沾上麵粉、雞蛋與麵包粉，接著以 190 度的高溫快速油炸成褐色即可。

Point

避免讓炸地瓜丸太過濕軟

加入地瓜丸中的蔬菜必須充分去除水分，外層才會酥脆，平底鍋充分加熱後，迅速炒過然後放置冷卻，表面即不會有附著的油。洋蔥切碎後，可利用鹽巴醃漬，最好要去除水氣再行拌炒。

Find quick & easy healthy potato dessert recipes

地瓜乾辣炒年糕

香甜與具嚼勁的乾地瓜，和同樣香甜具嚼勁的辣炒年糕非常搭。
辣椒醬是利用豆子、辣椒粉、大麥等穀類製作而成，含有蛋白質、脂肪、維他命 B2、維他命 C、胡蘿蔔素等各種養分，辣椒的辣椒素可幫助燃燒脂肪，對於瘦身具相當成效。

材　料

曬乾的地瓜⋯⋯⋯⋯⋯50 g
高麗菜⋯⋯⋯⋯⋯⋯⋯3 片
竹輪⋯⋯⋯⋯⋯⋯⋯⋯40 g
洋蔥⋯⋯⋯⋯⋯⋯⋯⋯1/4 顆
蔥⋯⋯⋯⋯⋯⋯⋯⋯⋯1/4 根
切碎的大蒜⋯⋯⋯⋯⋯1/2 大匙
辣炒年糕的年糕⋯⋯⋯200 g
辣椒醬⋯⋯⋯⋯⋯⋯⋯1 又 1/2 大匙
砂糖⋯⋯⋯⋯⋯⋯⋯⋯1/2 大匙
蜂蜜⋯⋯⋯⋯⋯⋯⋯⋯2 大匙
胡椒⋯⋯⋯⋯⋯⋯⋯⋯1/3 小匙
水⋯⋯⋯⋯⋯⋯⋯⋯⋯2 杯

作　法

① 將曬乾的地瓜過一次水，高麗菜切成和地瓜一樣的大小。

② 竹輪也切成和地瓜相同的大小，接著放進滾水中汆燙。

③ 將洋蔥切粗一點，蔥則是斜切。

④ 年糕準備好放置一旁，將水、辣椒醬倒入鍋中，煮滾後再加入地瓜和年糕。

⑤ 加入砂糖和蜂蜜，煮到湯汁幾乎不剩為止，接著加入洋蔥、高麗菜、竹輪、蔥、切碎的大蒜，最後灑上胡椒。

Point
將容易酸化的竹輪去油

竹輪是油炸的食物，在保存的過程中油很容易酸化，將竹輪放進煮沸的水中燙過，即可去除酸化的油。以此方式料理便能做出對健康有益又乾淨的味道。

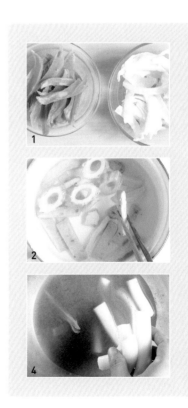

地瓜包子

全麥麵粉是一種沒有經過碾磨與漂白，並完整保存麥芽營養的食品，可提升身體的免疫力，抗氧化功能更比白色小麥高出兩倍以上，有助於防止老化。
由於膳食纖維豐富，可有效降低食用太多麵粉所造成的毛病。

材　料

南瓜地瓜……………………… 1/2 個
紫心地瓜……………………… 1/2 個
砂糖…………………………… 2 大匙

包子皮的麵團

全麥麵粉……………………… 2 杯
泡打粉………………………… 1 小匙
鹽巴…………………………… 1/2 小匙
豆奶…………………………… 140 cc
砂糖…………………………… 1 小匙

作　法

① 將兩種地瓜去皮切好，分別放進蒸鍋中蒸 20 分鐘。

② 蒸好的地瓜各自放進篩網中壓碎，接著各倒入 1 大匙的砂糖，充分炒過後製作成包子的內餡。

③ 將準備好的麵粉與泡打粉混合放進篩網過濾，在豆奶中混合鹽巴與砂糖，接著加入麵粉搓揉。

④ 將麵團搓揉成圓形，包入內餡，然後放進蒸鍋中蒸 20 分鐘後取出，放置濕的棉布進行保存。

Point

如何製作地瓜包子內餡

先將地瓜放進篩網中壓碎，然後放到平底鍋中拌炒。由於加入砂糖會變得黏稠，因此須以小火充分炒到沒有水分為止。使用木匙在不沾平底鍋中不斷攪拌，防止炒到燒焦的情況發生。

Find quick & easy healthy potato dessert recipes

地瓜可麗餅

可麗餅的原意，是在圓形的法式薄煎餅上加入水果、蔬菜、肉、起司等各種材料捲起來的法式料理，此種料理可應用的範圍相當廣泛，適合作為開胃菜、主餐、或點心等。

材　料

地瓜	1/2 個
萵苣	4 片
鮮奶油	1/2 杯
砂糖	1/2 大匙
橄欖油	1 大匙
水	1/2 杯

可麗餅麵團

紫心地瓜粉	2 大匙
麵粉	1/2 杯
雞蛋	1 顆
牛奶	1 杯
鹽巴	1/3 小匙
融化的奶油	1 大匙

作　法

① 將雞蛋、牛奶、融化的奶油、鹽巴加入麵粉中，攪拌製作成麵團，放進篩網中過濾，接著放到冰箱冷藏一個晚上，之後加入紫心地瓜粉混合。

② 地瓜切成粗條狀，在平底鍋中淋上橄欖油 1 小匙、水 1/2 杯，然後半煮半炒地瓜。

③ 萵苣浸泡在冷水中 5 分鐘後瀝乾放著，用打蛋器攪拌 1/2 杯鮮奶油到變膨鬆，接著加入砂糖 1/2 大匙繼續攪拌，製作成鮮奶油（whipping cream）。

④ 在平底鍋中塗抹一點油，將麵團攤開鋪成直徑 8 cm 的薄餅，開始煎可麗餅，完成後放置冷卻。

⑤ 在可麗餅上加入萵苣、鮮奶油、炒過的地瓜，接著捲起來，再切成一半裝盤即可。

Point

冷藏熟成的可麗餅麵團

可麗餅麵團不可直接使用，須冷藏保存兩個小時以上，麵團才會產生黏性，不容易裂開。倘若時間充分，經過一夜熟成再煎烤的可麗餅味道最佳。使用不鏽鋼平底鍋時，利用中火稍微熱鍋，再淋上油煎，火開太大的話，很快就會燒焦或黏住。

烤地瓜玉米起司

玉米中含有豐富的碳水化合物、蛋白質、維他命 B1 和維他命 E。
玉米的蛋白質中，必需胺基酸離氨酸和色胺酸的含量比其他食品更低，如果能混入米或糯米來食用會更好，而且和地瓜也很搭。

材　料

地瓜·····················1/2 個
煮過的玉米粒···········1 杯
青椒與紅色的甜椒······各 1/4 個
自製美乃滋············1 小匙
奶油·····················1 小匙
砂糖·····················1 大匙
天然莫札瑞拉乳酪······50 g

作　法

① 地瓜洗乾淨後，切小塊，浸泡在冷水中去除澱粉。

② 煮過的玉米倒進煮滾的水中燙過一次，利用篩網撈起瀝乾，將青椒切小塊。

③ 將①的地瓜和奶油 1 小匙加入平底鍋炒過後加入 1 杯水煮滾。

④ 等③的地瓜全熟後，取出讓其冷卻，再加入玉米、青椒、自製美乃滋、砂糖等攪拌，接著放入鍋中，撒上莫札瑞拉乳酪，在 180 度的烤箱中烤 5 分鐘。

⑤ 將鍋子從烤箱取出放在爐火上，充分消除其最後的水分，最後從爐火上拿起放在防熱墊子上。

Point
柔軟的玉米粒

使用乾玉米時，要先讓其發脹，並充分地煮到變軟為止。由於煮乾玉米需要滿長的時間，最好是先煮好並分成每次要用的量冷凍起來，方便日後使用。使用罐頭玉米粒時，要盡可能地去除水氣，如此一來料理時才不會出太多水。

Find quick & easy healthy potato dessert recipes

地瓜冰淇淋

地瓜含有大量碳水化合物，搭配上充滿脂肪的鮮奶油和富含蛋白質的雞蛋後製作成冰淇淋，是一道十分適合孩子們的點心。
只要避免製作得太甜，就算是正在瘦身的你也能毫無負擔地盡情享用。

材 料

地瓜‥‥‥‥‥‥‥‥‥1個
牛奶‥‥‥‥‥‥‥‥‥1/2 杯
鮮奶油‥‥‥‥‥‥‥‥1 又 1/2 杯
蛋黃‥‥‥‥‥‥‥‥‥2個
蜂蜜‥‥‥‥‥‥‥‥‥2 大匙
水‥‥‥‥‥‥‥‥‥‥2 杯

作 法

① 將地瓜去皮切成小塊，浸泡在冷水中去除澱粉後，與 2 杯水一起加入鍋中，煮到水幾乎不剩時以篩網壓碎。

② 將①的地瓜與牛奶混合磨碎後，加入鮮奶油。

③ 將蛋黃和蜂蜜倒入碗中，以筷子或打蛋器攪拌到變成象牙色為止。接著慢慢加入地瓜、牛奶、鮮奶油的混合物並持續攪拌。

④ 將碗放在鍋中隔水加熱，以木匙攪拌到變得濃稠後，取出來繼續慢慢攪拌到冷卻為止。

⑤ 裝入容器中，在冷凍庫中放置 4~5 小時後，取出來以湯匙挖攪，或者用攪拌器均勻攪拌後再次冷凍，同樣的步驟重覆兩次。

⑥ 冰淇淋完全結凍後，以冰淇淋杓挖起來裝入碗中。

Point

保留空氣層，
製作出柔軟可口的冰淇淋

冰淇淋結凍到某種程度時，要從冷凍庫取出來讓其縫隙中注入一點空氣，這樣冰淇淋才會變得柔軟美味。利用湯匙或勺舀挖，或者利用攪拌器轉動，都可輕易讓空氣流入。

地瓜羊羹

寒天是由石花菜提煉而來，製作成膠凍狀後切塊，於冬天時自然結凍的乾燥食品，幾乎沒有任何卡路里，就算吃了也不會變胖，還能幫助降低高血壓、高血糖與膽固醇。

材料

紫心地瓜‥‥‥‥‥‥‥‥‥ 1/2 個

栗子地瓜‥‥‥‥‥‥‥‥‥ 1/3 個

寒天（洋菜，agar）‥‥ 4 g

砂糖‥‥‥‥‥‥‥‥‥‥‥ 3 大匙

水‥‥‥‥‥‥‥‥‥‥‥‥ 5 杯

Point
乾寒天必須充分地浸泡

寒天可能是粉末狀或白色長條狀的，在糕餅店或超市都購買得到。直接把寒天放進水中煮的話，不容易融化在水中，反而會聚集起來凝結成團狀。所以必須先浸泡在水中 30 分鐘，讓寒天充分變柔軟後，再切小塊下水煮才能讓其完全融化。

作法

① 紫心地瓜去皮後，切好放進蒸鍋中蒸煮。

② 蒸好的地瓜放置冷卻後，加入 3 杯水一起磨碎。

③ 將寒天浸泡在水中 30 分鐘，和切小塊磨碎的地瓜一起加入鍋中，邊用小火煮邊攪拌，熬煮到剩下 2 杯水左右。

④ 將栗子地瓜去皮，然後將切成 1 cm 大小的方塊，浸泡在冷水中去除澱粉，和 2 杯水一起倒入鍋子中煮，注意不要破壞形狀，最後撈起放置冷卻。

⑤ 在③的紫心地瓜加入砂糖，放置冷卻降溫後，和④的地瓜混合，接著倒入四方形的模或其他形狀的模中，在冰箱冷卻 2 小時後，切成適合食用的大小即可。

【Gooday 02】MG0002

地瓜上菜：50 道超人氣低卡無負擔食譜

저칼로리 고구마 밥상 50 가지 : 온 가족이 가뿐하게

作者　　　金外順 김외순
譯者　　　林建豪
美術設計　走路花工作室
總編輯　　郭寶秀
責任編輯　周奕君

發行人　　凃玉雲
出版　　　馬可孛羅文化
　　　　　104 台北市民生東路 2 段 141 號 5 樓
　　　　　電話：02-25007696
發行　　　英屬蓋曼群島商家庭傳媒股份有限公司城邦分公司
　　　　　台北市中山區民生東路二段 141 號 2 樓
　　　　　客服服務專線：(886)2-25007718; 25007719
　　　　　24 小時傳真專線：(886)2-25001990; 25001991
　　　　　服務時間：週一至週五 9:00 ～ 12:00；13:00 ～ 17:00
　　　　　劃撥帳號：19863813 戶名：書虫股份有限公司
　　　　　讀者服務信箱：service@readingclub.com.tw
香港發行所　城邦（香港）出版集團有限公司
　　　　　香港灣仔駱克道 193 號東超商業中心 1 樓
　　　　　電話：（852）25086231 傳真：（852）25789337
　　　　　E-mail：hkcite@biznetvigator.com
馬新發行所　城邦（馬新）出版集團
　　　　　Cite (M) Sdn. Bhd.(458372U)
　　　　　11 Jalan 30D/146, Desa Tasik, Sungai Besi,
　　　　　57000 Kuala Lumpur, Malaysia
　　　　　電話：（603）90563833 傳真：（603）90562833
輸出印刷　中原造像股份有限公司
初版一刷　2014 年 8 月
定　　價　280 元（如有缺頁或破損請寄回更換）

版權所有 翻印必究

國家圖書館出版品預行編目 (CIP) 資料

地瓜上菜:50 道超人氣低卡無負擔食譜 / 金外順著；林建豪譯. --
初版. -- 臺北市：馬可孛羅文化出版：家庭傳媒城邦分公司發行，
2014.08
　面；　公分
ISBN 978-986-5722-20-3(平裝)

1. 食譜 2. 甘藷

427.1　　　　　　　　　　　　　　　　　　　　103011583

저칼로리 고구마 밥상 50 가지 : 온 가족이 가뿐하게（9788952212757)）by KIM, Oe Sun（김외순）
Copyright © 2009 by KIM, Oe Sun
All rights reserved.
Originally published in Korea by Sallim Publishing Co., Ltd., 2009
Chinese complex translation copyright © Divisions of Cité Publishing Group MARCO POLO Press ,2014
Published by arrangement with Sallim Publishing Co., Ltd.
through LEE's Literary Agency